插图本中国建筑雕塑史丛书

民国

建筑雕塑史

史仲文 —— 丛书主编

颜吾芟 —— 主编

上海科学技术文献出版社

Shanghai Scientific and Technological Literature Press

图书在版编目（CIP）数据

民国建筑雕塑史 / 史仲文主编 . 一上海：上海科学技术文献
出版社 ,2022

（插图本中国建筑雕塑史丛书）

ISBN 978-7-5439-8431-8

Ⅰ.①民… Ⅱ.①史… Ⅲ.①古建筑—装饰雕塑—雕塑
史—中国—民国 Ⅳ.① TU-852

中国版本图书馆 CIP 数据核字 (2021) 第 181488 号

策划编辑：张 树
责任编辑：付婷婷 张亚妮
封面设计：留白文化

民国建筑雕塑史

MINGUO JIANZHU DIAOSUSHI

史仲文 丛书主编 颜吾芟 主编
出版发行：上海科学技术文献出版社
地　　址：上海市长乐路 746 号
邮政编码：200040
经　　销：全国新华书店
印　　刷：商务印书馆上海印刷有限公司
开　　本：720mm×1000mm　1/16
印　　张：7.75
字　　数：115 000
版　　次：2022 年 1 月第 1 版　2022 年 1 月第 1 次印刷
书　　号：ISBN 978-7-5439-8431-8
定　　价：78.00 元

http://www.sstlp.com

目
录

民国建筑雕塑史

民国建筑雕塑史

MIN GUO JIAN ZHU DIAO SU SHI

颜吾芟

概　述

1

　　民国时期（1912—1949），中国虽然进行了资产阶
级民主革命，推翻了腐朽封建的清王朝，建立了"民
国"，但是由于革命的不彻底性，使得中国社会的性质
从总体上说没有多大改观，依旧是半殖民地半封建社
会，各帝国主义列强依然在中国的土地上耀武扬威。

　　受这种社会大环境的影响，在建筑艺术发展史上即
表现为，外国的建筑类型、建筑技术以及建筑思想等继
续大规模涌进中国，并且进一步加速改变着自清末鸦片
战争以来已经受到巨大冲击的中国传统建筑。不仅如
此，列强还在其各自控制的在华势力范围内，继续构建
起具有西洋或者东洋风格的建筑。其结果是，使得民国
时期的建筑呈现出一种令传统的中国人十分难堪的多彩
多姿的景象。这种状况虽然对传统的中国人的心理是极
大的伤害，但是，不可否认，它也促进和丰富了中国建
筑艺术的发展。

　　与此同时，在另一方面，中国传统的建筑艺术也在

顽强地延续着自己的精华,并且为传统建筑现代化摸索着可贵的经验。

民国时期的建筑艺术所体现出的中西交汇、新旧接替的特点在中国建筑艺术发展史上起着承上启下的作用。这个时期对民族传统建筑形式与现代式建筑融合的探讨对中华人民共和国成立后建筑艺术的发展产生了很大影响。不少民国建筑保留至今,成为今日城市建筑的历史遗存。

民国时期,雕塑艺术较之传统雕塑艺术来说最大的变化,就是知识分子开始参加雕塑艺术的创作,从而改变了数千年来一直由无名工匠创作的局面。一些美术学校内还设立了雕塑系或雕塑专业,成系统地培养雕塑人才。但是,由于战乱、社会动荡以及不受重视等原因,这一时期雕塑的发展实际上处于停顿甚至倒退的状态,有名的雕塑家和雕塑作品并不多见。民国时期从事雕塑创作的人成名的有上海的江小鹣、广东的李金发和女雕塑家王静远等。江小鹣的主要作品有立于上海市区的孙中山铜像和苏州角直宝圣寺罗汉堂的罗汉重塑制作。李金发曾于20世纪20年代在上海、杭州的美术学校任教,作品有蔡元培胸像。王静远曾在杭州、北京的美术学校任教,但没有作品留下。鉴于这种状况,本书不再以专篇介绍民国雕塑艺术发展史,唯重点介绍这一时期的建筑艺术史发展情况。

第一节
民国建筑艺术的历史分期

>>>

民国时期,建筑艺术的发展历程大致可以分为3个时期。

第一个时期,1912年到1919年,即从民国建立到"五四运动"爆发。

清末甲午战争(1895年)以后,各帝国主义列强开始改变了对华侵略策略，从对中国单纯掠夺转变为以对华输出为主，在华设立企业，就地剥削中国的劳动力、掠夺资源，一时间，在中国建立的工矿企业和修建的铁路骤增。适应这种状况，为资本输出服务的建筑，如银行、火车站、办公大楼、西式家居住宅等迅速增多。这些建筑不仅带有浓郁的外洋风格，而且设计水平较高，建筑规模也逐步扩大。到民国初年，随着新的建筑材料，如水泥、玻璃、机制砖瓦等应用的日益广泛，5层以上的新式建筑和花园式建筑开始出现并增多，少数高层建筑还使用了钢结构。

另一方面，随着商品经济的发展，市民阶层逐渐扩大，传统的封闭式院落住宅已不适合这一变化，于是到清末民初，以出租为目的的里弄式连排住宅大量出现，这是民居建筑的巨大变化。

第二个时期，1919年到1937年，即"五四运动"以后到抗日战争爆发前。

这个时期是民国建筑活动的繁盛时期，很多高质量的、有代表性的建筑都是在这一时期建造的。其主要原因如下。

一是由于军阀混战、革命运动高涨以及经营方式的变化等原因，使得军阀、买办、地主纷纷向上海、北京、天津等主要大城市以及各省的省会城市迁移，造成城市人口急剧增加，城市规模迅速扩大。这些人在城市里投资，进行商业活动，经营房地产业，大量修建私人住宅，从而加快了城市的建设。

二是1927年国民党政府定都南京后，确立了以南京为政治中心、以上海为经济中心的统治格局，并为此于1929年制定了《首都计划》和《上海市中心区域计划》两个城市建设计划。这两个计划付诸实施后，在南京和上海建起了一大批行政办公、文化体育和民用居住建筑。由于国民党政府明确规定行政办公等公共建筑物必须采用中国固有的形式，所以这类建筑都带有明显的中国传统建筑艺术的特点。

三是早期赴欧美和日本学习建筑的中国留学生于 20 世纪 20 年代初纷纷回国，到 20 世纪 20 年代后期随着人数增多，逐渐形成了中国人自己的建筑师队伍，并颇具实力。1925 年在中外建筑师共同参加的南京中山陵设计竞赛中，中国建筑师的设计分获一、二、三等奖即是证明。同时，这一时期建筑学教育渐成规模。1923 年，苏州工业专科学校设立建筑科，成为中国第一。其后，东北大学、北平大学艺术学院等相继设立建筑系。1927 年，上海市建筑师学会成立（后更名为中国建筑师学会），并出版《中国建筑》刊物。以后，类似的协会和刊物纷纷出现。这些都促进了这一时期建筑艺术的发展。

四是 20 世纪 30 年代资本主义世界发生了严重的经济危机，建筑材料价格猛跌。于是，各国房地产商和中国建筑商利用廉价材料和中国廉价的劳动力，掀起了一股建造高层建筑的浪潮，据统计，仅上海一地就建造了 28 座 10 层以上的高楼。

正是由于以上原因，二三十年代成了民国建筑艺术发展的高峰时期。

第三个时期，20 世纪 30 年代末到 20 世纪 40 年代末，即从抗日战争爆发到中华人民共和国建立前。

这一时期中国经历了两次大规模战争——抗日战争和解放战争。几乎所有最发达、最繁盛的地区都一直处在战乱之中。长期战乱的结果是，不仅建筑活动很少，而且大量的建筑毁于战火，建筑活动几乎停滞。只是在抗日战争初期，随着国民党政府内迁重庆，一部分沿海城市工业亦内迁至四川、云南、湖南、广西、陕西等地，此举不仅促进了当地工业的发展，同时也使得现代建筑活动开始扩展到这里的一些偏僻县镇。不过这些建筑的规模都不是很大，而且大多是临时性工程，所以意义不大。

民国建筑形式的演变

>>>

民国时期建筑形式的演变不是完全依自然时序变化的，有些是并举共存的。其时，建筑形式的种类大致可以分为洋式、民族式和现代主义 3 种。

一、洋式建筑

民国时期洋式建筑产生或出现的途径有二，一是外国人在中国建造的洋房，主要包括洋行、银行、饭店、商店、火车站、俱乐部、花园住宅、工业厂房以及教堂等；另一是 20 世纪 20 年代以后中国人自行设计和建造的大量洋式建筑，包括住宅、金融、商业、企业、工业、娱乐、文化、教育等整套建筑，如北京的大陆银行、青岛的交通银行、南通的商会大厦等。

从风格上看，民国时期的洋式建筑分为纯粹古典主义和折中主义两种趋向。

民国时期，洋式建筑的纯粹古典主义，即以复兴古希腊、古罗马建筑造型为主旨的倾向已经衰落，而且主要用于教堂建筑。这一时期最著名的纯古典式建筑是天津老西开教堂（1916 年），为罗曼式；还有哈尔滨的圣·索菲亚教堂（1932 年），为俄罗斯古典式。其他一般建筑已很少用纯古典主义形式。

折中主义是 19 世纪发源于西方的一种建筑形式，它将历史上的各种建筑形式集中融会于一座建筑物中，各取所需，以迎合业主的口味和要求。具体而言，即在同一幢建筑上混用希腊古典、罗马古典、文艺复兴古典、巴洛克、法国古典主义等各种风格样式和艺术构件。折中主义于 19 世纪下半叶传入中国，以后逐步壮大，到民国时期已成为洋式建筑的主要基调。尤其在 20 世纪 20 年代，折中主义在中国发展到了最高峰。那些最著名的折中主义建筑差不多都是在这个时候问世的，比

圣·索菲亚教堂

🔺 圣·索菲亚教堂位于黑龙江省哈尔滨市,是一座典型的拜占庭式东正教教堂,设计者为俄国建筑设计师科亚西科夫。整座教堂为庭式建筑,中央一座主体建筑有标准的大穹隆,红砖结构,巍峨宽敞。通高53.35米,占地面积721平方米。教堂平面设计为东西向拉丁十字,墙体全部采用清水红砖,上冠巨大饱满的洋葱头穹顶,统率着四翼大小不同的帐篷顶,形成主从式的布局,错落有致。

如上海的汇丰银行（后期 1923 年）、海关大厦（后期 1925 年）、先施公司，北京的清华大学大礼堂、清华大学图书馆，天津的开滦矿务局大楼（1922 年）、汇丰银行（1924 年）、邮电总局大楼、天津劝业场（1928年），汉口的海关大楼（1921 年）、亚细亚大楼（1924 年）等。

进入 20 世纪 30 年代以后，上海、天津、南京等地的折中主义建筑风格逐渐为装饰艺术和国际式所替代，逐渐衰落，而在一些内地城市，折中主义则被视为时尚而方兴未艾，继续流行。

由于中国许多城市的发展盛期刚好与折中主义的流行同步，所以折中主义建筑就成了许多城市中心区和商业干道的典型风貌，对民国时期城市面貌具有深远的影响。

二、民族式建筑

民国时期，民族式建筑的出现与洋式建筑同步。

其时提倡民族式建筑的动力来自两方面：一方面是来自教会。出于传教的目的，适应中国人的习俗，迎合中国人的心理，柔化中国人的排外情绪，基督教在建筑教堂、教会学校时往往采用中国式的建筑设计。另一方面是来自国民党政府，其为达到振兴民风的目的曾进行积极的倡议。

民国时期，民族式建筑大致可以分为宫殿式和混合式两种造型。

宫殿式建筑又可大致分为两种，一种是纯粹模仿古代宫殿、庙宇的形式，极力保持着古代建筑的体量权衡和整体轮廓，保持台基、屋身、屋顶的三分结构，屋身尽量维持着梁柱额枋的开间形象和比例关系，并且保留了整套传统造型构件和装饰细部。这类建筑形式由于与现代结构和材料等方面往往产生一些矛盾，所以常常造成功能方面的不合理。宫殿式建筑的著名代表有北京的协和医院（1925 年）、燕京大学（1926年）、国立北平图书馆（1931 年），上海的市政府大厦（1931 年），南京的中山陵（1929 年）、中央博物馆（1936 年），广州的中山纪念堂（1931 年）等。

宫殿式建筑中的另外一种，即虽然采用了一定的宫殿建筑的比例和手法，但不一定忠实摹写斗拱、梁架、构件等建筑细部，而是做出了简略性的变更。南京的金陵大学和武汉的武汉大学就属于这一类。

　　所谓混合式建筑，即不再追求古代宫殿、庙宇建筑的严谨比例，不拘泥于台基、屋身、屋顶的三段式构成，也不追求比较繁多的斗拱梁枋及装饰图案，基本上以现代建筑外形为躯干，建筑形体由功能空间确定，只是在局部或重点部位施加古建筑装饰。

　　混合式建筑的出现，一方面是建筑师追求革新的结果，另一方面是为了克服大屋顶、琉璃瓦等古建筑构造所引发的工程技术复杂和造价昂贵方面的困难的结果。

　　混合式建筑造型一般也可分为两类。一类是在建筑物的重点部位仍旧保持宫殿式屋顶的处理，其他部分则采用平顶，表现出中西混合的概念，比如上海图书馆（1934年）、上海博物馆（1934年）和青岛水族馆（1932年）等。另一类则基本上采用了现代建筑造型，只在局部施以古代建筑装饰，装饰可繁可简，也可以作变形处理。常用的装饰手法有小瓦檐、勒脚须弥座、垂莲门罩、明清式彩画、井口天花以及藻井等。这类建筑的代表是南京的中央医院（1931年）、外交部大楼（1933年）、国民大会堂（1935年），北京的交通银行（1931年），上海的中国银行（1936年）等。第二类建筑的创作手法影响到中华人民共和国成立后的许多建筑造型。

三、现代主义建筑

　　现代主义建筑在中国的出现是在20世纪30年代，其基础是外国现代主义建筑的蓬勃发展和钢材、玻璃、钢筋混凝土结构的广泛使用。现代主义建筑造型的特点是外形简单，几乎没有图案雕饰；突出表现功能、结构和材料，着重于建筑的色彩、明暗、虚实和高低的对比。其最突出的表现是在高层建筑上。这类建筑的著名代表是上海的华懋饭店、沙逊大厦（今和平饭店北楼，1928年）、四行储蓄会大厦（今国际饭店，1933年）、大光明电影院（1933年）、比卡地公寓（今衡山公寓，1934年），天津的中原公司、渤海大楼（1936年）、利华大楼（1938年），南京的馥记大厦等。

　　另外，20世纪在三四十年代，日本在东北占领区也构建了一些现代主义建筑，如沈阳的奉天市政公署（今沈阳市政府）、大连火车站等。

在现代主义建筑的设计中，中国的建筑师们也积极地参与其中，并且创造出了一些著名的作品，如上海的大上海大戏院（1933年，华盖建筑事务所）、恒利银行（1933年，华盖建筑事务所）、虹口疗养院（奚福泉），南京的聚兴诚银行（李锦沛）等。但是由于工业技术力量薄弱，缺乏现代建筑发展的雄厚物质基础，再加上日本帝国主义的侵略，20世纪30年代后期中国转入长期的抗日战争环境，使得现代主义建筑在中国刚刚起步，仅仅活跃了六七年就被迫中断了。而这种早期的发展不足，给之后中国建筑留下了现代主义发育不全的后遗症。

总之，民国时期的建筑艺术仍然处于一个急剧转变的历史时期，新旧建筑、不同风格的建筑杂糅在一起，尚未形成民族的、统一的建筑风格。建筑创作尚未成熟，学习与借鉴的成分多于创新和改革的成分。但是，正是这一时期中国建筑师们在开拓建筑创造思路方面的探索和实践，为之后中国建筑艺术的发展奠定了基础。

第二章

建筑类型的发展

民国时期随着外国资本主义的继续入侵和中国民族资本主义的缓慢发展，建筑类型在清末新建筑类型不断涌现的基础之上继续发展，其主要表现在工业建筑、民居住宅建筑和公共建筑等几个方面。

第一节

工业建筑类型的变化

>>>

民国时期，工业建筑类型变化的最突出的特点是规模日益扩大，以及新建筑技术的越来越广泛的使用。

民国时期比较大型的工厂有唐山启新洋灰厂（1886

年建厂，1920 年第三次扩建）、上海恒丰纱厂（1888 年建厂，1920年、1921 年、1930 年 3 次扩建）、中国肥皂公司（1923 年建厂，1929年、1939 年两次扩建）、华成烟草公司（1924 年建厂，1928 年、1931年、1935 年 3 次扩建）、上海杨树浦电厂（1910 年建，1928 年由美商收购，1938 年扩建）、上海申新纺织厂（1915 年创办）、上海蜜蜂绒线厂（1930 年英商建，1948 年扩建）、上海裕丰纱厂（1922 年日商建，后多次扩建）、上海福新面粉公司（1913 年建）、上海啤酒厂（1913 年挪威商人建，1930 年又建新厂）等。

民国时期，新的建筑技术，如钢框架结构技术和钢筋混凝土结构技术等首先在工业建筑类型上采用。1913 年兴建的杨树浦电厂一号锅炉间是中国最早的钢框架结构建筑，1913 年所建的上海福新面粉厂的六层主车间则是采用钢筋混凝土框架结构建筑的先例之一。

由于钢框架结构和钢筋混凝土结构等新结构技术的出现，以及生产工艺的新要求，这个时期越来越多工厂先后建起了多层厂房。采用多层厂房生产不仅有利于节约用地面积，使工厂在寸土寸金的大城市中获得继续发展的前提，而且可以缩短工艺路线，大大提高生产效率。民国时期多层工业建筑主要见于轻工业工厂，如纺织、缫丝、食品、制药、烟草、面粉、油漆、碾米等，另外在电力、化工等少数重工业部门也比较多地采用。多层厂房的大量出现是民国工业建筑发展的显著特点之一，同时也是一个巨大的进步。

最早建造的多层厂房是 1913 年兴建的上海杨树浦一号锅炉间。1938 年扩建的该厂五号锅炉间更是高达 10 层，总高 50 米。这两座锅炉间都是钢框架结构的，其中五号锅炉间是民国时期最高的一座钢框架结构多层厂房。

民国时期更多的多层厂房是采用钢筋混凝土结构建造的，其中1913 年建造的上海福新面粉厂 6 层高的主车间是中国高层工业建筑之始。以后陆续出现了多座高层厂房，主要有 8 层高的上海福新面粉二厂（1919 年）、8 层高的上海阜丰面粉厂（1929 年）、9 层高的上海啤酒厂（1933 年）、6 层高的上海正广和汽水厂（1933 年）等。另外多层厂房的主要代表还有上海申新纺织厂 3 层高的纱厂和仓库，2 层高的布厂；

上海蜜蜂绒线厂3层高的纺部楼，6层高的仓库；上海裕丰纱厂北厂2层高的封闭式厂房等。

民国时期多层厂房的出现使得中国的工业建筑质量、建筑技术和建筑材料的档次等都有了明显提高，但是从20世纪30年代后期开始，由于中国最重要的工业区几乎一直处于战乱之中，经济处于停滞状态，因此多层厂房的建筑基本上停止了发展，这种情况一直持续到民国末年。

第二节
民居住宅建筑类型的变化

>>>

民国时期，民居住宅建筑类型的变化主要发生在城市中。

随着资本主义的发展，城市居民中富裕者的增多，房地产的商品化，以及市政设施和建筑技术的发展，城市民居住宅建筑类型明显增多，如独院式住宅、高层公寓住宅、新式里弄住宅、花园式里弄住宅等，有些与中国传统的建筑类型已经完全不同。

在建筑技术方面，从20世纪30年代以后，受国外现代建筑运动新发展的影响，一些住宅采用了全套现代化的建筑技术，如采用钢筋混凝土结构和安装大片玻璃，装置电梯、弹簧地板、玻璃顶棚等，建筑空间则趋向通透、流畅，外观上也极具现代化。

一、独院式住宅和公寓住宅

（一）独院式住宅

民国时期独院式住宅规模较之清末有所扩大。独院式住宅中豪华型的在当时被称为花园洋房。国民党政府定都南京后，自科长以上，大大小小的官员都享有不同等级的花园住宅，以致在南京山西路、颐和路一带形成了9千多幢花园住宅的高级住宅区。同时，各大城市，如上海、天津、汉口等地的官僚、买办、资本家也纷纷从自己的经济实力和生活享乐情趣出发进行了大量的私人住宅建筑活动。

这些独院式住宅有的完全采用西式，如西班牙式、英国式等，有的则是中西合璧的混合形式，如建于1933年的上海严宅虽采用传统的两进四合院布局，但是却从传统的平房建筑改进为3层楼房建筑，而且各个房间都能直接联系，并建有30多套厕所、浴室。其外观也是中西合

| 北极阁公园 |

璧式的，在西式结构表面略加中国旧式纹样。再有，像建于1928年的南京北极阁宋子文宅，出于主人的某种心理，其外部以茅草屋顶覆盖，伪装朴素，内部却极为豪华舒适、设施齐全，这也应该算作中西合璧的典型代表之一。

另外，还有一些洋房别墅是那些在华经商的外商所建，这类民居建筑基本上都是西式风格的。

（二）公寓住宅

公寓住宅是20世纪30年代出现的一种新型住宅类型，以上海建造得最多。当时上海出现了多幢10层以上的高层公寓建筑。高层建筑出现的主要原因是：土地紧张、地价飞涨，以及城市人口的大幅度增长。

据统计，上海地价在20世纪最初的30年中增长了993倍，在20世纪30年代又增长了一倍。

除上海以外，天津、汉口、广州等地也发展起了一些高层公寓建筑。

出于为不同的住户提供服务的需要，高层公寓建筑的设计往往有多种户型。另外，高层公寓都配有全套的供电、供暖、供热、供气、垃圾道等设施，有的在厨房中还配有电冰箱，上下交通则依靠电梯。这一切都说明高层建筑已经达到了比较高的现代化水平。

高层公寓的出现带动了民居建筑结构技术的发展，首先在工业建筑上使用的钢结构技术也应用在了高层公寓的建筑上。对于城市来说，高层公寓建筑的出现还丰富了城市的面貌，使城市从传统的"平面图"发展为"立体图"。

当时著名的高层公寓建筑有上海的百老汇大厦、汉弥登大楼、亨利公寓等。

二、新式里弄住宅

里弄式住宅最早出现在上海，主要用于出租，以后在汉口、南京、天津、福州、青岛等相继出现。新式里弄住宅的建造则主要在1919年至1930年间。

民国时期，为适应资本主义的进一步发展，新式里弄出租住宅无论是在总体布局上，还是在单体设计上都较之旧有的里弄住宅发生了相当

上海静安别墅

🔺 静安别墅于 1932 年由开发商张潭如投资建造，占地 2.25 公顷。该地曾是潮州会馆基地，并有马厩，为英国人养马场所。1928 年建造房屋，1932 年竣工，因地处静安寺路（今南京西路）故名静安别墅。

大的变化，总的趋势是居住环境更加趋向合理，以迎合承租者的需要。如在总体布局方面，开始改变过去那种密度高、采光差、通风不佳的状况，注意采光、通风，房屋间适当留出间距等问题。另外，总弄、支弄也有了显著区分。总弄一般宽 4 米以上，以方便汽车的通行，支弄也比以前有了更多的宽敞感。在单体设计方面，各建筑房间的功能分工明显，不仅有了起居室和卧室的分别，而且增添了餐室、书房、日光室、浴室等，有的还建有汽车库。

另外在建筑结构方面：部分构件采用钢筋混凝土；门窗多加西式装饰；安装金属制大门；屋面采用机制红瓦，有的还采用马赛克、陶瓷面砖等新材料。在配套设施方面，一般都有电灯、自来水、煤气等设备，部分住宅还装设了暖气设备。

上述新式里弄以上海的复兴邨、四明邨、静安别墅等为代表。

20世纪30年代以后，为了适应比较富裕的高级职员、上层知识分子和一些官僚地主的需要，在新式里弄住宅的基础上，又出现了一种花园式里弄住宅。它们基本上是半独立式的。总体布局是排列成短排或长排，房屋间距较大。每幢住宅包括一片较大的绿地，房屋占地较小，环境幽雅。房屋平面布局丰富，凹凸不平，变化较多。外观造型多为西班牙式或者现代式。外墙面多用彩色粉刷，如淡黄、天蓝、深紫等色。这类住宅著名的有上海的福履新村、上方花园等。

这一时期，还出现了一种公寓式里弄住宅。其外形与花园里弄住宅很相似，只是内部布局不同。这类住宅的代表是上海的永康别墅。

第三节
公共建筑类型的变化

>>>

公共建筑包括行政建筑，如政府管理部门的办公建筑、会堂建筑等；商业建筑，如大百货公司、综合商场、劝业场、大饭店、旅馆等；金融机构建筑，如银行、交易所等；文化教育体育医疗建筑，如学校、医院、博物馆、图书馆、电影院、体育场、教堂等；交通邮政建筑，如火车站、汽车站、航运站、航空港、邮局等。

这些建筑绝大多数都是在民国时期出现的新兴建筑类型，有的虽或为旧有，但也有了新的发展变化。

与封建时代的建筑类型不同，新型的公共建筑由于社会经济发展的需要，已经完全跳出了传统的木架结构体系的框架，比如在建筑材料上使用钢铁、水泥等新材料，在建筑技术上采用砖石钢木混合结构、钢架结构、钢筋混凝土框架等新结构方法，在设施上都配有供热、供冷、通风、电梯等新设备。

民国时期公共建筑类型形成的途径与清朝末年一样，一种途径是沿用、改造传统类型，另一种途径是引进、借鉴、发展资本主义国家的同类型建筑。其中后者所占比重最大。自 20 世纪 20 年代开始，随着中国建筑师的成长，后者最初生搬硬套的状况有所改观，在进行了若干结合中国实际的尝试后，初步形成了一批具有中国特点的近代新型公共建筑。

一、行政建筑

民国时期的行政建筑，从总体风格上来说，经历了一个由单纯模仿欧洲古典建筑形式到采用中西合璧或中国传统形式的变化。

单纯模仿欧洲古典建筑风格的建筑方法始于清朝末年，著名的建筑有建于 1906 年的陆军部和海军部等。民国初期，北洋政府统治时期，由于标榜学习西方资产阶级民主政治，于是在建筑风格上继续采用西方行政建筑形式。

进入 20 世纪 20 年代，南京国民党政府建立后，由于受国粹主义的影响，在行政建筑风格上逐渐脱离了早期单纯模仿外国建筑形式的作法，多采用宫殿式或混合式。如上海市政府大楼是宫殿式的典型代表，南京外交部、交通部等建筑是中西合璧混合式的典型作品，而广州的中山纪念堂、南京的国民大会堂则是民族形式的成功作品。

另外，这个时期帝国主义国家继续在华建筑了一些殖民管理机构，这些建筑则完全是采用其本国的近代建筑风格，如哈尔滨的沙俄东清铁路管理局是 20 世纪初俄国流行的现代式，天津的英国工务局（又称戈登堂）是英国近代折中主义的高直建筑风格等。

1931 年"九·一八"事变后，日本帝国主义占领东北三省，扶植清朝末代皇帝溥仪成立伪满傀儡政府，并在长春建筑了一批以"帝宫"为首的行政建筑，俗称"八大部"。这些建筑都是日本建筑师设计的，带有明显的日本近代建筑风格。

二、商业建筑

商业建筑是公共建筑中数量最多、影响面最广的重要类型。

民国时期，商业建筑发展的最大变化是规模的扩大。20 世纪 20 年代前后，随着商品经济的发展，大型百货公司、综合商场、劝业场等陆续在各大城市出现，其中以上海、天津、汉口等商业活动集中的城市分布最多。

这类大型商业建筑不仅有着巨大的规模，而且多集中在城市的繁华区域，形成商业竞争，如上海南京路集中了当时上海最大的几家百货公司和商场，而大新、永安、新新、先施这 4 家大百货公司就彼此对峙在一个交叉路口上。这 4 家大型百货公司都拥有六七层以上的商业建筑，大新公司更是高达 9 层，彼此竞争十分激烈。

大型百货商场一般都有着宽敞的营业面积、合理的布局，柜台分类设置。为了招徕顾客和满足顾客的需要，一般还附建有一些服务设施，如饭馆、理发店、剧场、舞厅等，有的还在屋顶上开辟花园，做露天舞会、茶座之用。

劝业场是第一次世界大战之后为振兴民族工商业而出现的一种新型商业建筑，著名的有天津劝业场、天津天祥商场和北京劝业场等。其经营方式是在商场建筑内划分若干小店面，分租给小商业者经营，带有集中商业街的性质。

上述建筑类型的外观多呈中西合璧式。另外，为了扩大商业宣传效果，在转角或重点部位一般都加设塔楼。

大型饭店自从 20 世纪初在上海、北京等大城市出现后，到二三十年代，由于地价昂贵，开始向高层建筑发展，最高达 20 多层。其中著名的有上海的沙逊大厦、四行储蓄会大厦、华懋饭店，天津的渤海大楼，北京的北京饭店等。由于建筑高度惊人，上海的四行储蓄会大厦（今国际饭店）高达 24 层，传统的民族形式和西方古典形式都不足以反映出其新的内涵，因此这类建筑几乎完全是现代式的建筑，主要体现在形体设计上简单明了，不用过多的装饰手法；依靠体量的和谐、门窗洞口的搭配、建筑表面的线角和新型墙面材料的装

民国建筑雕塑史

上海国际饭店

上海国际饭店堪称上海年代最久的饭店。2016 年 9 月入选"首批中国 20 世纪建筑遗产"名录。

饰来取得艺术的欣赏价值。其对以后建筑艺术形式的发展具有很大影响。

三、金融机构建筑

金融机构建筑是民国公共建筑中发展最为突出的建筑类型，其中最著名的代表是上海的中国银行、汇丰银行，北京的大陆银行，天津的麦加利银行等。

民国时期的金融机构建筑分属外国金融资本和中国官僚资本。自从1845年第一家外国银行在中国设立以来，到20世纪20年代，外国银行建筑已经遍布全国各大城市。10年后官僚资本的银行建筑也在各地普遍设立起来。

金融机构建筑的特点是规模宏大，外观坚实、雄伟；建筑风格多采用西方古典主义的希腊、罗马式，表现为宽大的柱廊、粗壮的立柱、华丽的柱头，以及山花、厚实的墙体。所有这一切都是为了显示自己财力的雄厚，以取得更多的储户，并以坚实雄伟的建筑艺术表现来坚定储户对银行的信心。正因为如此，金融机构建筑成为民国时期大城市中最触目的建筑。

不仅如此，金融机构建筑还是构成大城市中心区域的重要组成部分，如青岛市中心有7座银行组成了一个银行群，天津今称解放路的地方几乎成了一条银行街，北京西交民巷也聚集着不少银行。

四、文化教育体育医疗建筑

中国近代文化、教育、体育、医疗卫生等事业不少方面是在西方文明的影响下发展起来的，因此其建筑类型大多与中国传统形式相距甚远，甚至有很大一部分完全与外国人联系在一起，具有强烈的西化倾向。

比如在学校建筑中，由于教会学校占了极大的比重，因此学校建筑的设计布局基本上是西化的。

有数字统计，到1920年的时候，全国教会系统的高等小学有950所、中学有290所、大学有10余所。教会学校的资金来源一般比较充足，因此建筑质量都比较高。教会学校采用的是西方现代教育手段，学校建筑设计成连排的教室。但为了软化中国人的排外情绪，其建筑外观又大多采用中国古代建筑形式，即具有坡屋顶造型的宫殿式。由于学生和教师有的需要住宿学校，因此教会学校往往还分设教学区和宿舍区。其平面布局一般将教学区和宿舍区分开设置，并且利用自然地理将校园规划成园林式环境。教会学校中著名的有北京的燕京大学、辅仁大学，南京的金陵大学、金陵女子文理学院，成都的华西协合大学，武汉的武汉大学等。

再比如一些新型的娱乐性建筑，像电影院、歌舞剧院等，由于是引自西方文化，所以无法借鉴传统造型，多采用西方近代建筑形式。其音响、灯光、视线、人员疏散、舞台设计等均为传统形式中所不见，有的甚至达到了相当高的质量水平。这些建筑中著名的有上海的大光明电影院、美琪电影院，天津的中国大戏院，北京的真光剧场等。

另外，在医疗卫生建筑方面，南京的中央医院（现为中国人民解放军东部战区总医院）、上海的虹桥疗养院等都是比较有名的建筑。这类建筑中的大部分即便是中国人自己设计建筑的，由于医院采用的主要是西医治疗手段，所以从外观到内涵毫无例外地具有西方现代建筑形式。

还有教堂建筑。教堂是西方基督教文化传入中国的产物，是西方基督徒为了传播基督教文化、进行文化侵略而建造的，因此其建筑形式一直为西方建筑式样，没有丝毫产生与中华文明相融合的迹象。民国时期外国人新建造的教堂数目不多，著名的有哈尔滨的圣索菲亚教堂、天津的老西开教堂，前者属于基督教东正教，后者属于天主教。

在体育建筑方面，民国时期建造的最大的体育场是 1934 年在上海建造的可以容纳 6 万名观众的江湾体育场。体育场馆不是中国传统建筑类型，也是从西方引进的，因此少有民族式成分。

民国时期，在文化建筑中只有图书馆、博物馆建筑由于多为中国政府投资建设，所以设计风格才呈现出浓厚的民族形式，比如国立北平图书馆，馆舍采用的是中国传统宫殿式样。而南京的中央博物馆（现南京博物院）在这方面则更为显著，其以辽代建筑风格为依据建造，其微微

| 上海江湾体育场 |

起翘的大屋顶、高大的基座，俨然一座古代大殿建筑。另外著名的还有上海市图书馆、上海市博物馆、青岛水族馆等。

五、交通邮政建筑

民国时期交通建筑不甚发达。火车站中以 1912 年建造的济南站、1937 年建成的大连站较为有名，而且大体上达到了当时国外火车站的一般水平。邮政局建筑中以北京前门邮政局、上海邮政总局最具特色。

民国时期，公共建筑中著名的建筑大多建造于 20 世纪 30 年代，这是国外建筑技术、建筑材料传播和中国自己的建筑师成长的结果。其中一些建筑无论在规模上、技术上，还是在设计水平和工程质量上，都已经接近或者达到当时国外的先进水平。但是，问题是，一方面公共建筑的分布极其不均衡，新型的、高质量的公共建筑几乎都集中在大城市中，而在大城市中又往往密集在某些中心区和商业区中；另一方面，公

民国建筑雕塑史

┃ 上海邮政博物馆 ┃

🔺 上海邮政博物馆原名上海邮政总局。上海是中国近代邮政的发祥地之一。上海邮政博物馆 1922 年由协澄洋行设计，辛丰记营造厂施工，在原集美里地块上建造，1924 年 11 月竣工。曾列为上海十大建筑之一。

共建筑在质量标准上差别悬殊，为上层统治者服务的公共建筑数目少而质量高，以普通民众为主顾的公共建筑虽然数目是最多的，但是绝大多数属于质量低劣、设备简陋的建筑。这种情况显示出民国时期贫富差别巨大、少数富有者剥削多数贫穷者的状况。

第三章

城市建设

民国时期，由于国民党政府腐败无能，全国城市建设从整体来说较清朝末年以来没有什么值得夸耀的成就，甚至没有太多的变化。加之在这不长的30多年时间里，整个中国战乱频繁，对城市的破坏多于建设，因此到民国末年，大多数城市显现出的只是一派破败的景象。

民国时期在城市建设方面稍许有作为的是作为经济中心的上海和作为政治中心的南京。

第一节
民国时期的上海

>>>

上海位于长江入海处南岸，有优越的自然地理条件。民国初年，上海已经发展为全国最大的城市，同时也是世界著名大城市之一，为远东第一大城市。至1949年止，其土地总面积为630平方千米，人口600多万。

民国时期，上海不仅拥有当时全国最大数量、最多门类的工业企业，以及装备最好的工厂，而且还拥有当时中国最繁华的商业街道和最多的高层建筑，另外各种市政工程设施也是全国最好的。但是，所有这一切都是与其半殖民地的性质密不可分的。

上海市的发展与租界的存在和扩展有着密切的联系，各帝国主义国家在租界内兴造的花园住宅、俱乐部、饭店、高楼大厦、洋行和各种行政机构建筑客观上促进了上海市的快速发展，但同时也带来了许多严重的后遗症。

一、功能结构与建筑分布

民国时期，上海市区分为5个独立的区域，即法租界、公共租界、闸北、沪南（包括南市和旧城厢）、浦东。其中心区是两个租界。

为了与以租界为中心的旧市区争辉抗衡，1929年7月，南京国民党政府曾制定了一个"上海新市区规划"，确定在黄浦江下游西岸江湾（现五角场）一带开发7000余亩（1亩≈0.067公顷）土地，作为上海市新的中心区域。该计划规模庞大、企望甚高，但由于各种原因，经过数年建设只完成了几条干道，以及上海市政府大厦、上海图书馆、上海市医院、上海市体育场、上海博物馆等几幢建筑。1937年，日军攻占上海，使得"新市区规划"成为泡影。直到1949年，那几幢建筑依然孤耸在江湾五角场一带的农田中。

从功能结构上分，民国时期的上海城市市区大致也可以分为5个区域，即市中心区、商业区、住宅区、工业区和仓库码头区等。

上海的市中心区和商业区都是随着租界的不断拓展而逐渐形成的。

上海第一块租界出现在 1843 年，由英国设立。以后各帝国主义列强利用不平等条约纷纷设立自己的租界，并且逐渐扩大。到 1915 年仅英、美、法三国的租界面积就比 19 世纪中叶增长了十二三倍，达到 7 万余亩。这些租界最初地处旧城厢与苏州河之间，由于受地理限制，一是南北间距不宽，北有苏州河，南有黄浦江；二是东阻于突然北上的黄浦江，所以之后的扩展只能向西延伸发展。

民国时期，以跑马厅为中心，聚集了全市最大的百货公司、最豪华的饭店酒楼和各种娱乐场所，这里便是上海的市中心区。一些著名的商

| 上海淮海路 |

 淮海中路辟筑于 1900 年，辟通于 1901 年。辟筑之初，东段名西江路，西段名宝昌路。1906 年 10 月 10 日两段统合，以法租界公董局总董宝昌之名，统称宝昌路，又称勃吕纳路。1915 年 6 月 21 日，由法公董局以欧战时法国元帅霞飞之名更名为霞飞路。1943 年 10 月 10 日更名泰山路，1945 年 11 月 28 日，又宣布改称林森中路，1950 年 5 月为纪念淮海战役胜利，而改名为淮海中路。其全长约 5.5 千米，是一条繁华、高雅，堪与巴黎的香榭丽舍大道、纽约的第五大道、东京的银座、新加坡的乌节路媲美的大街。

业街道都以此为中心向外辐射，如南京路、淮海路、福州路、金陵路、西藏路等；在外滩则聚集了各国的洋行、官僚资本的中国银行、民族资本的商业银行，以及大量外国殖民行政机构等，这里形成了上海市的商业区。

而外国洋人和豪绅巨富们的豪宅基本上沿着主要商业街道两侧顺次向西拓展，并且以跑马厅为界，越往西，住宅建筑的质量越高，环境越好。在跑马厅以东的住宅大部分是建筑质量不高的旧式里弄住宅，而在跑马厅以西的复兴路、武康路、衡山路、华山路、岳阳路、愚园路，包括虹桥路等都是高质量的花园住宅，形成高级住宅区。

上海市高级花园住宅兴建的高峰期，在南京国民党政府确立统治之后的 1927 年，以后持续到 1937 年抗日战争爆发以前。据不完全统计，民国时期上海高级花园住宅的总建筑面积为 160 万平方米。花园住宅的分布，主要是顺着租界的扩展方向，沿南京路和淮海路自东向西发展，其中以公共租界的长宁区和法租界的徐汇区内数量最多。这些住宅区远离闹市区，幽静安宁，但交通便利。大的花园住宅可占地百亩，小的也有数亩。

上海高级公寓的发展也是在 20 世纪二三十年代，其分布地区主要是在沪西的徐汇区和静安区，地处街道沿线或内侧的闹中取静地段。

据统计，民国时期花园住宅和高级公寓共占全部住房数的 10% 左右。

民国时期，上海的广大下层市民、贫民散布在市中心区，沪东、沪西、闸北一带的租界边缘和城市所摈弃的近郊地带，他们住在普通的里弄住宅中。由于人口稠密，往往在一幢二三层的里弄住宅中住进了 10 户以上的人家，拥挤不堪。

不仅如此，民国时期的上海市更有近 100 万人口居住在不适合居住的棚户区中。棚户即居民自己搭盖的简易住房。棚户区的大规模出现是在抗日战争胜利以后，一方面由于抗战，上海四乡的人民大量流浪到上海，造成城市人口激增；另一方面由于上海市内大量的房屋毁于战火，有些则因长久失修而损坏严重，于是无房可住的人们便不得不在一般人不愿居住的地方搭盖简易的住房居住。棚户区多在租界边缘或工业区里外，大多是低洼地带，这里没有任何市政设施，道路狭窄，用水困难，污水遍地，阴暗、潮湿、拥挤、污秽，此处的居民死亡率极高。据1949年的统计，上海市100户以上的棚户区有322处，共18万户，近100万人口。它们是民国时期贫富两极分化的鲜明写照。

上海的工业区主要是沿苏州河和沿黄浦江展开，分为沪东杨树浦和沪西曹家渡两个工业区，以及江南制造局、日晖港、浦东陆家嘴等几个工业集中段。仓库、码头区则主要集中在浦东沿江地带。

据1949年统计，全市共有工厂10 079家，但是30名工人以下的小厂却占全部总数的约93%。主要行业有机器制造、钢铁、有色金属加工、缫丝、纺织、轧花、化学、制药、肥皂、造纸、卷烟、食品、酿酒、面粉、印刷、建筑材料、公用事业等。当时上海市的工厂数约占全国工厂总数的55%，是民国时期最大的工业生产基地。

二、城市布局存在的问题

由于上海在其快速发展过程中，一直存在着几个帝国主义国家的独立租界，这样就使得上海市从没有进行过统一的建设规划，基本上是盲目发展起来的，例如上海的几个功能区的出现都是租界占设以后自然发展的结果，因此城市的发展和布局便呈现出许多矛盾性和不合理性。

首先，上海原本有着非常优美的自然环境，两条大河流经此地——黄浦江从东流过，苏州河穿市而淌。到处水网密布，每隔100米到300米就有一条水道。但是自从19世纪40年代出现近代新式工厂以来，上海的自然环境遭到人为的严重破坏。黄浦江两岸和苏州河两岸的优越地段几乎全部被工厂、仓库和码头所占据。外国资本家和民族资本家贪图这里的便利交通，沿江河一字排开了2 000家左右的工厂、360余座仓库（总面积21.6平方米）、125个码头（总长约9千米），更有甚者，沿江、沿河的工厂随意将工业污水不加处理地任意排放到江河中，此举不仅严重污染了江河，而且使上海居民的生活和健康均遭受极大的危害。

而且，帝国主义列强占设租界后，为了自己的利益，将原来的大部分河道都填筑为马路，这样就使得原本有着良好的绿化、游览条件的上海，变成了一个严重缺乏自然绿化和公共绿化地的灰色城市，并给今天

上海苏州河畔

的城市建设造成了巨大的压力。

其次，上海虽然拥有占全国一半以上数目的工厂，但是工厂的布局极不合理。尤其抗日战争时期，由于闸北、江湾、南市遭到日本帝国主义的疯狂破坏，大量居民流入租界，许多中小型工厂也迁入租界，这样就使得上海工厂的分布愈加不合理。到1949年，在总数为一万多家的工厂中，只有2263家设在工业区中，仅占总数的22.5%；而在非工业区则有7816家，占总数的77.5%，其中在住宅区内竟有5886家，占总数的58.3%。这样的布局也使得上海城市几个功能区域的发展更加不平衡。

再有，上海的道路交通建设也极不合理，道路的发展严重失衡。一方面是由于租界呈东西伸展，使得东西走向的道路多于南北走向的道路，主要街道均为东西走向，南北干道稀少。另一方面由于缺乏统一规划，而且上海的房屋和土地分别由300多家房地产商（据1944年的统计）所垄断，他们操纵地价与房产，对城市建设造成了极其恶劣的后果。在市中心由于地价昂贵，因而街坊密集，道路十分狭窄，主要干道南京路不过才 15 米宽，全市道路平均宽度仅 7.75 米。再有，在工厂与仓库和码头之间、工业区与工业区之间由于没有有机的道路联系，经常造成交通堵塞，而且交叉点过多，所以使得市南市北、浦东浦西的交通极为紧张，尤以北站和外白渡桥两个蜂腰地带为甚。

还有，公共建筑的建设并不是按照广大居民的需要而设置，而是依照洋人、官僚、富豪等少数人的需要来设置的。它们一般都集中在市中心区和商业街区，并且接近高级住宅区。比如南京路上就集中了全市数十个最大的百货公司，以及最有名的剧场、剧院和娱乐场所，明显是为上层统治者服务的。

在居住条件方面，民国末年全市人口已经增至 600 余万，较之 1930 年增长了一倍。由于没有统一的人口控制政策和手段，过快增长的人口给城市的居住环境带来了巨大的压力。据统计，当时全市有一半的人口居住在仅有 20 平方千米面积的居住街坊内，人口密度高达每公顷（1 公顷 =1 万平方米）1 千人以上，而在市中心、南市和闸北的某些地带人口密度更是高达每公顷 3 千人。民国末期，上海市的人均居住面积少得可怜，只有不到 1.5 平方米。这样的居住条件严重影响了人们的身心健康。

在市政建设方面，虽然上海市是全国最早开展市政工程，最早兴办公用事业，并且拥有当时最齐全的公用设施项目的城市，但是由于 5 个独立的区域分别被中国、法国、英美和日本所占据，因此造成公用设施极不统一。当时全市建有各成系统的自来水厂 5 所、供电局 5 个、煤气厂 3 所。各系统各自为政，互不统属，比如电压就分为 220 V 和 110 V 两种，分别供给不同的对象使用。另外，公用设施的分布也极不合理，供应也很不普及。比如，装有自来水的地区只占全市面积的 25.6%，它们主要铺设于市中心区、工业区和高级住宅区内，全市只有 1/3 的建筑物内装有自来水。而且，距离自来水厂二三十千米的虹桥路别墅区有着完善的自来水设备，但是近在咫尺的棚户区却没有自来水供应。上海全市有 100 万人吃不到自来水。而能使用上煤气的人口则更少，只占全市人口的 5%，并且全部在租界的高级住宅区内，只为外国人、豪绅服务，普通人根本无法享受到。

总之，民国时期的上海虽然被誉为"东方明珠""冒险家的乐园"，但是它只是上层社会的华丽城市。表面上的繁华掩饰不住其内在的萧条，其诸多畸形、失衡、矛盾对中华人民共和国成立后的城市建设造成了不少的麻烦，其不良影响甚至至今犹存。

第二节
民国时期的南京

>>>

南京位于长江下游，是民国时期国民党政府的首都。1912 年，孙中山先生在这里就任临时大总统。1927 年，以蒋介石为首的国民党政府将其定为首都，确立起它政治中心的地位。正因为如此，南京较之其他城市来说，除了具备半殖民地城市的普遍性质以外，还兼具自己特殊的性质，即一切建筑活动都必须服务于国民党政治、军事的需要。

定都南京的第二年，国民党政府即组织了一个首都计划委员会，着手进行关于建设南京的计划。

在定都以前，南京市内不存在各种功能区的划分，工业、商业、居住、行政、文教等各类建筑混杂在一起，难分彼此。对此，1929 年首都计划委员会提出了一个"首都计划"，其核心内容就是要分区，即将全市分为中央政治区、市行政区、工业区、商业区、文教区、居住区等几个区域。该计划初衷良好，设想宏伟，但是由于各种各样的原因，加之 1938 年以后南京被日本帝国主义所占，1945 年以后国民党政府也未曾恢复建设，所以从 1929 年一直到 1949 年整整 20 年的时间，该计划只实现了住宅区建设的 3/10，而且这些住宅全部是官僚豪绅的花园住宅。计划的其余部分则全部落空，直到民国灭亡，南京依旧是原来的旧面貌。

作为国民党政府的首都，南京拥有众多的行政机构，共有国民党党务、军务、政务、财务、特务等机关 945 个。这些机构分为两类：一类属于公开的行政机构，它们大多分散在主要干道上。第二类属于特务、警察、宪兵机构，还包括集中营、监狱等，这些机构大多是见不得人的，所以它们的建筑大都远离喧闹的大街，隐蔽在小街小巷中或者冷僻的地段。

除政治机构外，南京还设有许多军事机构，如国防部，海军、空军、陆军司令部等。

民国时期，南京的市中心在大行宫南和新街口一带。这里银行、饭店、商场、舞厅比邻而立，它们拥有当时第一流的建筑质量和建筑规模，著名的如交通银行位于中山东路、中国银行位于白下路、邮政储金汇业局位于新街口等。

南京的金融业几乎全被官僚资本所把持，在全部 70 余处银行中，四大家族所把持的"国家银行"计 7 所 27 处，省立银行 24 处，它们占总数的 2/3。7 所"国家银行"指的是四行二局一处。四行指中国银行、中央银行、交通银行、农业银行，二局指中央信托局、邮政储金汇业局，一处指四行总会办事处。这些金融机构构成了南京市中心的主体建筑。

作为政治中心的南京，工业基础远不如上海，十分薄弱。据 1948 年的统计，在全市 135 万人口中只有 2 万人是真正的产业工人。在全市 2 万个工商户中，只有 2 000 户左右的工业与手工业户，不足总数的 1/10。规模稍大的工厂只有 30 多家，而且大部分是为军事服务的军需厂，如兵工厂、无线电厂、船舶修配厂、被服厂等，民用工业极少。这些工厂零乱散置在城南、中华门外、光华门内和三牌楼等处，与居住区相混杂，具有半殖民地城市盲目发展的普遍特征，没有形成集中的工业区。

民国时期，南京集中了国民党政府的官僚政务人员以及他们的家属达 30 万之众，占全市人口的 22%。在山西路、颐和路等全市最好的地段，上层官僚、洋人修建了各式各样的别墅、花园住宅，在这里集中形

民国建筑雕塑史

民国南京街头（仿）

成了高级住宅区。这里共有豪宅 1 700 幢，总建筑面积达 69 万平方米，平均每户 400 平方米。而另一方面，占全市人口总数的 34% 计有 46 万的人口或失业，或无业，这些人大部分住在棚户区。作为首都的南京存在着数量惊人的棚户陋屋，据 1949 年统计，全市共有棚户区 309 处，房屋计 1.9 万多幢。国民党政府的腐败可见一斑。

除上海、南京以外，民国时期的其他城市或与清朝末年相比无太大变化，或与上述两城市大同小异，在此不再赘述。

第四章

建筑教育和建筑设计机构

4

建筑教育

>>>

　　民国时期的建筑教育是中国建筑教育步入正轨之始，其主要是由从国外回来的留学生创办的。

　　中国最早派出的建筑留学生始于 1905 年，时值清末。他们留学欧美或日本，其中用庚子赔款赴美国留学的人数最多，其他还有留法、留英、留德、留日的，少数留意大利、奥地利和比利时。在美国留学的主要分布在宾夕法尼亚大学、麻省理工学院、密歇根大学、哥伦比亚大学、哈佛大学和伊利诺伊大学等著名学府。其中又以毕业于宾夕法尼亚大学建筑系的留学生影响最大，著名建筑学家梁思成即毕业于该系，另外还有多人成为中国现代建筑教育、建筑设计和建筑史学的奠基人或主要骨干。

20 世纪 20 年代开始，不少学而有成的留学生陆续回到国内，他们积极倡导正规的建筑教育，由此开辟了中国建筑教育的新篇章。

中国历史上第一个建筑学教育专业是 1923 年江苏公立苏州工业专科学校设立的建筑科（学制三年），创始人是柳士英等 4 人。由于他们都曾留学日本，所以该建筑科沿用的是日本的建筑教学体系，表现为偏重于工程教育，重视建筑技术。1927 年，该校与东南大学合并，成立国立第四中山大学（1928 年改称国立中央大学），建筑科则扩大为建筑系。这是中国高等学府中设立的第一个建筑系，系主任为刘福泰，所聘教授均为留学美、日、法、德等国的回国留学生，在课程设置上改变了以前专取日本的做法，而兼取东西方之所长，既注重建筑技术，又重视建筑设计。

紧接着，1928 年，东北大学工学院在梁思成的主持下也创办了建筑系（学制四年）。该系所聘教授为清一色的留美学者，教学体系仿照宾夕法尼亚大学建筑系，即以建筑艺术和建筑设计课程为主。但该系仅招收了三届学生，1931 年"九·一八"事变爆发后被迫停办。

与东北大学创办建筑系同时，北平大学艺术学院院长杨仲子在其学院内也创设了建筑系（学制四年）。杨氏曾留学法国，深受法国艺术学院设置建筑系思想的影响。他所聘系主任汪申和几位主要教授也都是留法归国学者，所以该系基本上沿用法国建筑教育体系。

此后，更多的学校开办了建筑系（科），主要见下。

1932 年成立的广东省立工业专门学校建筑工程系（1933 年更名为广东勷勤大学，1937 年并入中山大学）。

1934 年成立的上海私立富士德工学院建筑科。

1937 年成立的天津工商学院建筑系（1949 年更名为津沽大学）。

1937 年设置的重庆大学建筑学专业（1940 年成立建筑系）。

1938 年成立的北京大学工学院建筑系。

1940 年成立的杭州私立之江大学建筑系。

1941 年成立的湖南省立克强学院建筑系。

1942 年成立的上海圣约翰大学建筑系。

1946 年成立的清华大学建筑系。

1946 年成立的国立唐山工学院（现西南交通大学）建筑系。

另外，有的地方还创设了其他的建筑教育形式，比如 1934 年成立的上海沪江大学商学院建筑科，该校属于夜大学性质。

除此之外，日本帝国主义者侵占东北后，在其殖民学校中也设立了一些建筑系（科），如哈尔滨工业大学、新京工业大学（沈阳）和大连工业学校等。

由于大多数留学生曾留学于强调艺术修养的美国和法国这样的国家，接受的是学院派体系的建筑教育，所以民国时期的建筑教育

｜哈尔滨工业大学｜

思想明显受到该派的影响，表现为设计创作多以折中主义为主要思路。

从 20 世纪 40 年代开始，现代主义建筑教育思想也开始在中国传播。在这方面最先的成功者是上海圣约翰大学建筑系系主任黄作燊。他曾留学英国和美国，在哈佛大学研究院深造时他的导师是现代著名建筑学家格罗皮乌斯。黄作燊与贝聿铭都是格罗皮乌斯最赏识的中国学生。黄作燊就任系主任后实施包豪斯的教学体系，他聘请的教师几乎都是德国、匈牙利和英国的新派建筑师，培养了不少现代主义的建筑人才。

在民国时期现代主义建筑教育中最值得一提的，是梁思成提出"体形环境"设计的思想。抗日战争胜利后，梁氏力主在清华大学设立建筑系，并于 1946 年就任系主任。之后，他曾赴美考察一年。在美考察期间，他逐渐认识到建筑学教育的任务不单单是培养出设计个体建筑的建筑师，还应该造就出广义的"体形环境"的规划人才。于是，他提出了一套"体形环境"设计的教学体系。回国以后他将自己的理论付诸实施，首先将建筑系更名为营建系，下设建筑学和市镇规划两个专业；其次将课程分为文化及社会背景、科学及工程、表现技巧、设计课程和综合研究 5 大部分，并加设社会学、经济学、土地利用、人口问题、雕塑学、庭园学、市政卫生工程、道路工程、自然地理、市政管理等专修课或选修课，构建出理工与人文相结合、广博外围修养与精深专业训练相结合的崭新的建筑学教学体系。梁思成的建筑教育思想和实践不仅进一步推动了中国建筑教育的现代化进程，而且也开创了中国人自己的建筑理论体系。

民国时期建筑教育的正规化和高等教育化，是中国建筑史上划时代的一件大事，它突破了封建时代长期的建筑工匠家传口授的传艺方式，改变了几千年以来文人与建筑工匠截然分离的状况，培养出了一大批具有建筑科学知识、掌握建筑设计技能的现代建筑人才。他们中的许多人，无论是留学归来的留学生还是国内自己培养的大学生，对中国的建筑事业，尤其是中华人民共和国成立后的建筑事业作出了重大贡献。

第二节
建筑设计机构和学术团体

>>>

一、民国时期的建筑设计机构

民国初期，建筑设计机构主要为外国人所把持，当时英国、美国、德国、法国、奥地利、日本等在中国开办了不少建筑设计机构。它们主要聚集在上海、天津、汉口等地。

据 1928 年注册登记显示，当时仅上海一地就有近 50 家外籍建筑设计机构，其中著名的有公和洋行、邬达克洋行等。

公和洋行是一所老牌的外籍建筑设计机构，为英国商人所有，它包揽了民国时期上海滩的绝大多数大型建筑的设计，像汇丰银行、海关大厦、沙逊大厦、汉弥尔登大厦、都城饭店、百老汇大厦、河滨大厦、峻岭公寓等。邬达克洋行为匈牙利人邬达克所开，其代表作品有国际饭店、大光明电影院等。

天津是外籍建筑设计机构云集的另外一个城市，它们通称为"工程司"，著名的有英国人的永固工程司、同和工程司、景明工程司，法国人的永和工程司、义品工程司，瑞士人和英国人合办乐利工程司，奥地利人的盖龄美术建筑事务所等。

从 20 世纪 20 年代初开始，留学欧美和日本的中国留学生陆续学成回国，他们中的不少人开办了中国人独立的建筑设计机构。这些归国留学生组成了中国第一代现代意义的建筑师。

根据现有资料，中国人自己独立开办的建筑设计机构出现于 20 世纪 20 年代初，其中著名的有成立于 1920 年前后的上海东南建筑公司和 1921 年成立的彦记建筑事务所。这两个建筑设计机构都与吕彦直有关。

吕彦直曾留学美国康奈尔大学，1918 年毕业，1919 年回国，先入外籍建筑事务所，后与人合组上海东南建筑公司，1921 年他在上海独创了自己的事务所。其代表作品有南京的中山陵、广州的中山纪念堂。

此后，中国人独立的建筑设计事务所越来越多，其中著名的有基泰工程司、华盖建筑事务所、董大酉建筑师事务所等。

基泰工程司是民国时期首屈一指的中国建筑设计机构，其主要建筑设计负责人为杨廷宝。初设于天津，20世纪30年代后转向上海、南京等地，代表作品有南京的中央医院、中央体育场、谭延闿墓、中山陵音乐台、国民党党史史料陈列馆、国际联欢社、下关火车站、中央通讯社、中央研究院社会科学研究所，北京的交通银行等。

华盖建筑事务所由陈深、陈植和董寯3人于1932年在上海成立的。他们3人都是美国宾夕法尼亚大学建筑系毕业，均获得硕士学位。该事务所是民国时期实力很强的建筑设计事务所，3位建筑师也颇负盛名，其代表作品有南京的外交部大楼，上海的大上海大戏院、恒利银行、金城大戏院、合记公寓、西藏路公寓、浙江兴业银行等。

董大酉建筑师事务所的主要负责人董大酉曾设计旧上海特别市政府大厦、上海市博物馆、上海市图书馆等建筑。

从20世纪30年代初开始，国内大学毕业的建筑学大学生逐渐加入到建筑设计队伍中来，他们与20世纪40年代回国的留学生一起组成了中国第二代建筑师。

民国时期，中国建筑师尽管取得了一定的成绩，但是他们的处境十分艰难。由于中国半殖民地的性质，使得中国建筑师在自己国土上的活动从一开始就受到享有特权的外籍建筑设计机构的排挤和竞争，始终在它们的夹缝中求生存。当时，中国建筑师能够揽到设计工程是很不容易的，而一些地区甚至将中国建筑师拒之门外，比如上海外滩就是中国建筑师的设计禁区，这里根本不准中国人独立介入。而且，中国建筑师只是在抗日战争前的七八年时间中曾获得一批大型工程的设计机会，施展了自己的部分才华。抗日战争爆发后，许多事务所被迫关闭，建筑师们四散分离，少数转移到西南后方的事务所，也只能做少量的小型工程。所以，民国时期广大的中国建筑师缺乏用武之地，从而大大限制了建筑英才的成长。

二、建筑职业团体和学术团体

民国时期有两个建筑职业团体，一个是中国建筑师学会，一个是上海市建筑协会。

中国建筑师学会成立于1927年，最初称上海建筑师学会，后因参加者不限于上海一地，故更名为中国建筑师学会。发起人有庄俊、范文照、张光圻、吕彦直等人。会址设在上海，分会设于南京，抗日战争时一度迁往重庆。第一任会长庄俊、副会长范文照。会员分正会员和仲会员两种，正会员须有大学建筑专业学历，仲会员须有6年以上的设计实践经验。学会的活动包括交流学术经验、举办建筑展览、仲裁建筑纠纷、提倡使用国产建筑材料等。出版《中国建筑》月刊，从1932年11月创刊，到1937年4月停刊，其间有所间断，共出31期，主要刊登中国历史名建筑的探讨、国内外名家建筑作品的介绍、西洋近代建筑学术著作的译述、国内建筑系学生的优秀作品等，还多次辟专号集中介绍国内建筑事务所的作品，起到了很好的效果。

上海市建筑协会成立于1931年，会员包括上海市的营造家、建筑师、建筑工程师、监工员和热心关心建筑业的人士，最多时达300余人。其活动主要有提倡国货材料、实施职工教育、改良工场制度等。出版《建筑月刊》，从1932年11月创刊，到1937年4月停刊，共出6卷44期，主要介绍了大量上海营造商承建的建筑工程图、建筑业的新知识，以及上海建筑业的动态、国内外建筑的动向等。

民国时期最重要的建筑学术研究团体是1929年成立的中国营造学社。该社由朱启钤创办，并由他任第一任社长。社址位于北平，抗日战争期间内迁到昆明和四川南溪县李庄。该社的活动主要为：从事大量古建筑实例的调查、测绘和研究工作；拟定重要古建筑的修缮、复原计划；搜集、整理一些重要的古建筑文献资料，比如校勘重印了宋代的《营造法式》、明代的《园治》和《髹饰录》、清代的《一家言·居室器玩部》等古籍。另外，还出版《中国营造学社汇刊》学术刊物，从1930年起到1945年止，共出7卷23期。

该社最著名的成员是梁思成和刘敦桢，曾分别担任法式部、文献部主任。他们与学社同人一起曾足踏16省、200余县，涉猎建筑文物、城乡居民住宅及传统城市设计等2 000多个单位，撰写了大量学术报告和著作，开创出了我国自己的古建筑研究之路，奠定了中国建筑史学的基础，在国内外享有盛誉。但由于民国时期社会动荡和外敌入侵的现状，使得该社拟定的古建筑修缮与复原计划大多不能落实、实施。该社于1946年停办。

| 梁思成 |

民国时期的代表性建筑

5

第一节

行政建筑

>>>

民国时期行政建筑的代表有上海的市政府大厦、广州的中山纪念堂等，它们都是当时民族式建筑的代表作品。另外还有南京的外交部办公楼。

一、上海市政府大厦

该建筑位于当时规划的上海市中心行政区内，建于1931年，设计师为董大酉。其占地面积约33.3万平方米，建筑面积约9 800平方米，为钢筋混凝土框架结构。平面分左中右3段，中部进深略大，宽25米，左右两翼各宽20米。

建筑总高 4 层，底层为食堂、厨房和部分办公室；第二层为大礼堂、会议室、图书馆；第三层全部为办公室；第四层为屋顶暗室，有档案室、宿舍和储藏室。

该建筑模仿的是清代殿堂形式，外檐为抬梁式结构的挑梁和斗拱。其外观立面处理成台基形象，中部突起，底层开小窗户，分为 3 段：上段为传统的大屋顶，由中部的歇山式和两翼的庑廊式组成；中段二、三层为楼身，共计 17 间，上下统成一体，作木构架檐柱额枋构图；下段一层稍突出，作平座栏杆。虽然屋身立面柱高二层，不同于民族式建筑的立面构图，但是建筑师将柱间窗下墙处理成深色，并饰以裙板所用的如意纹，削弱了两层楼的感觉，使整个建筑看上去仍然保持着中国古典建筑的基本权衡。楼梯则设在中轴线前后，由室外可直达二楼。

该建筑存在的问题是：底层的办公室进深过大，采光不足。二层中部的大礼堂设计成横长方形，很不实用。各主要房间因采用井字天花，使得原本要求明亮采光的小空间室内有一种压抑、昏暗之感，令人很不舒服。4 层的宿舍完全靠拱眼采光、通风，造成室内光线不足，闷热难挨。档案室置于最上层，徒增建筑荷重。楼梯间也因窗户小、窗花密而影响采光，十分阴暗。另外，传统的大屋顶不仅造成空间利用效果差，而且给施工带来很大难度。屋顶结构为钢筋混凝土建造，用现浇的钢筋混凝土——浇出瓦陇，并形成曲线，再铺上琉璃瓦，十分麻烦，同时造价剧增。这些问题是当时采用仿古做法的大型公共建筑普遍存在的，主要是因为未能解决好民族式建筑与现代功能结构之间的矛盾。

该建筑的落成对当时规划中心区的其他建筑造成了很深的影响，如市图书馆、博物馆等。它们共同形成了以传统风格为主的行政建筑群体。

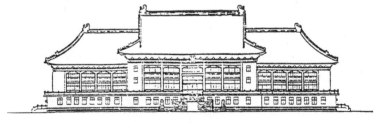

上海市政府大厦（立面）

二、广州中山纪念堂

该建筑位于广州越秀山南麓，1931 年落成，由吕彦直（1894—1929）设计，建筑面积 8 300 平方米，拥有 个席位。

吕彦直为中国建筑史上探讨现代建筑之民族表现的第一人。中山纪念堂的设计方案是经过竞赛选定的，吕彦直获得头奖，之后按照他的设计方案进行建造。

中山纪念堂是民国时期建造的大型会堂之一，可以容纳 5 000～6 000 人集会、活动。其平面呈八角形，东西南北四个正面各设一个出口，南正面伸出门廊，北正面伸出舞台。屋顶为攒尖顶，四面以清代歇山顶抱厦环抱，或重檐，或单檐。观众厅的体积为 5 万立方米，跨度达 30 米，是当时国内跨度最大的建筑。在这种大跨度、大体量的现代功能民族式的会堂建筑中，设计者采用了钢筋混凝土结构，在大厅顶部运用钢桁架、钢梁，对探索民族式风格进行了大胆的尝试。纪念堂的装修也十分考究，屋顶铺佛山石湾产宝蓝色琉璃瓦，基座及石阶均为花岗岩，护墙板用辽宁产青色大理石，其余墙面镶乳黄色泰山石面砖，立柱贴红色人造石。

其存在的问题是：使用不便，空间浪费、结构繁杂、尺寸失真，暴露出在大体量的建筑中勉强追求民族式殿阁形象的窘况。

三、外交部办公楼（南京）

该建筑位于南京中山北路，由华盖建筑事务所设计，建于 1933 年。平面呈倒置的"T"形，前部面街横向的为办公用楼，两翼稍稍凸出，楼前入口处有一半月形车道；后部竖向的为迎宾用楼。屋顶为平屋顶混合结构。

办公用楼立面中部凸起，高 4 层，两翼高 3 层。地下一层，为半地掘式，半露在外，作为勒脚层。正中入口处凸出一个较大的门廊，汽车顺半月形车道可直抵大门。墙身贴褐色面砖。

该建筑外观属民族式混合式建筑造型的第二类，以现代式构图加民族式装饰。民族式装饰主要表现为檐部应为简化的斗拱，顶层窗户之间

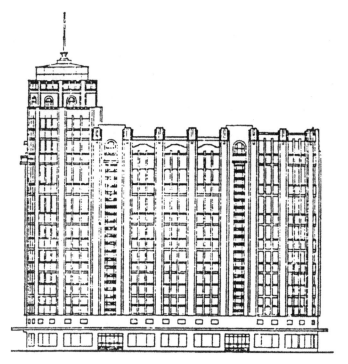

大新公司（立面）

的墙面饰纹，门廊柱头点缀以霸王拳雕饰等，体现出了经济、实用而又具有中国传统形式的特点。

第二节
商业建筑

>>>

民国时期商业建筑的代表大多集中在上海市，著名的有大新公司、沙逊大厦、四行储蓄大厦、大世界等。另外还有天津的劝业场、广州的爱群大厦、北京的仁立公司等。

一、上海大新公司

该公司位于南京路与西藏路交叉口，建于 1934 年，是中国第一批按照现代化商场要求设计的商业建筑之一。

该建筑地面以上高 9 层，全部为钢筋混凝土构筑。外观造型为现代式，外墙贴奶色釉面砖。

其内部第一至第三层为营业场所，另外还设有地下商场。第四层部分为营业场所，其余部分西侧为商品展厅，南侧为办公用房。第五到第七层为办公室、货仓、厨房和食堂等，第八层设电影院，第九层有眺望大厅、露天电影场等。为便于人流疏导，该建筑共设有 7 处出入口，除 6 座楼梯间以外，在主入口的中央大厅还安装了两部国内首创的电梯。

该公司的一些设计手法在当时居领先地位，如宽大的柱距、敞亮的营业大厅、分类陈列的商品柜台，以及多个出入口的开辟，机械化通风手段的采用，底层外观大玻璃橱窗的设置等，成为大型商业建筑的代表作品之一。

二、上海沙逊大厦

沙逊大厦（现称和平饭店）位于外滩的南京路东口，为英国大房地产商沙逊所有。其由英商公和洋行设计，始建于 1926 年，1928 年落成。平面呈封口的"A"字形。全部为钢架结构。是当时设计标准很高的一幢大型饭店。

该建筑高 10 层（部分高 13 层），总高 77 米。底层一部分为商场，一部分为接待室、办公室、酒吧间、会客厅等。二层、三层为出租写字间。四层到七层为客房，客房分为 3 等。八层为中国式餐厅（龙凤厅）、大酒吧间、舞厅等。九层为夜总会、小餐厅等。十层为业主和饭店经理住房。该建筑最富特色之处在其 9 套一等客房的布置上。一等客房由卧室、会客厅、餐室、衣帽间、放箱间和两套卫生间组成。9 套一等客房分别采用中国式、英国式、法国式、意大利式、德国式、西班牙式、印度式等不同国家的装饰和家具风格，极尽奢华，借以显示业主的雄厚财

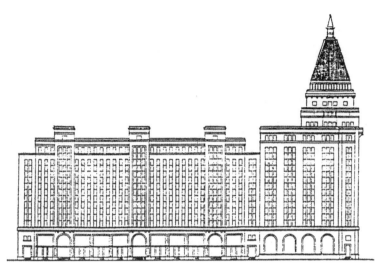

沙逊大厦（立面）

力，迎合顾客的不同需求。

该建筑的整体风格取 19 世纪纽约摩天大楼流行的折中主义，其形式无一定规程。立面取古典三段式划分，但各段尽现不同历史时期的特点：底层为拱券式大型门窗，为古典复兴式；中段处理成简洁的直线条，为现代式；顶部位居整幢建筑前部的位置耸立着一个高 19 米没有实用意义的方锥体，仅作装饰，表现出从折中主义向装饰艺术风格过渡的特点。其外观均以花岗岩贴面。

该建筑的缺憾是没有露天广场和停车场。

三、上海四行储蓄大厦

四行储蓄大厦（现称国际饭店）为金城、盐业、大陆、中南 4 家银行投资兴建，由匈牙利籍建筑师邬达克设计，建于 1931 年至 1933 年。总高 86 米，地上 22 层，地下 2 层，是当时国内最高的建筑，号称"远东第一高楼"。

大厦底层为四行储蓄会的营业场所，一层与二

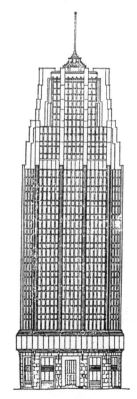

四行储蓄大厦（立面）

层之间的夹层为出租办公用房，二层为餐厅和停车场，三至十三层为客房，十四层为对外营业餐厅，十五至十九层为常住客房，二十至二十二层为机房、水箱房和眺望台等。

该建筑在设计上力求达到当时世界一流水平，具体表现为：其一，结构全部采用钢结构，桩基深达 36 米；其二，配备现代化的消防设施，不仅每层都设有消防龙头，而且在天花板上还设置了自动灭火装置；其三，配置两套供水系统，一套是自己取水的自流井，一套是自来水供水系统，保证不间断给水。另外，为了上下行方便，大厦装配 3 台客运电梯、多台货运电梯和职工专用电梯，最大货运电梯可将汽车运入二层停车场。

在外观上，大厦仿 19 世纪美国摩天大楼的现代风格，几乎没有图案雕饰；上部建筑逐层收进，虽然高耸，但显得十分稳重。该建筑的技术和艺术风格等在当时就博得不少好评，是 20 世纪 30 年代杰出的作品。

四、上海大世界

大世界是民国时期上海的一幢综合娱乐建筑。该建筑位于西藏中路延安东路口，建于 1915 年，原为 2 层砖木结构，1925 年改建成钢筋混凝土的 4 层建筑。

大世界平面呈"L"形，两边对称，出入口位于转角处。底层沿街为出租店面，其余为娱乐室、休息室等；内侧场地为露天表演场所，建有大型看台。二层至四层为各种娱乐场所。屋顶平台为露天剧场。

该建筑最具特色的部分是屋顶正中（出入口上方）的 4 层高的塔楼（据说塔楼的修建与业主的迷信思想有关）。塔楼各层以廊柱承接上下，中间空透，逐层收进，别具一格。它所起的作用不仅仅是装饰性的。实际上，大世界整幢建筑是以塔楼为中心向两翼展开的。塔楼位于整幢建筑的中轴线上，在下部建筑的立面也修饰着几根廊柱，与塔楼相接，从而在构图上既强调了建筑的对称性，又突出了出入口的位置。其空透的形制与下面横向的实体建筑也形成了强烈的虚实对比。另外，它还解决了大世界 4 层建筑在视觉上比较矮小的缺憾。

在建筑物上设置塔楼，这是 20 世纪 20 年代商业建筑的时尚。

五、上海大光明电影院

该建筑位于南京路上，由匈牙利籍建筑师邬达克设计，1928 年建成。

其建筑手法采取的是全新的现代主义风格。电影院平面呈不规则三角形，其紧挨南京路的一边仅凸出的一小部分临街，其余为另一建筑所遮挡。设计者在临街这一小段的立面上极力追求几何形体的表现力，不仅用下部横向的门廊与上部竖向的大玻璃形成鲜明对比，而且还以大玻璃框左方及上方的装饰性横竖线条表现该建筑的挺拔与不俗，处理得简洁有力。在右上方则设置了一座半透明的方形灯塔，它的存在既使整幢建筑形成了不对称重心，给人以简明轻快的感觉，又渲染了该建筑的公共性，增加了广告效果，十分独到。

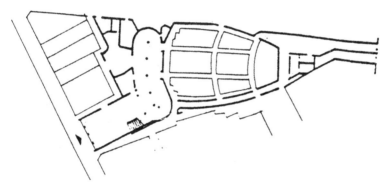

大光明电影院（平面）

该建筑的入口门厅设有飞溅式水柱喷泉，地面铺嵌铜条磨光人造大理石，比较豪华，且具有较浓厚的娱乐气氛。影院的音响、设施也都达到了较高的水平。

大光明电影院以其独创性的设计，在当时拥有着"远东第一"的美称。

六、天津劝业场

该建筑位于天津市和平区的和平路与滨江道口交叉口处，由法国建筑师设计，建于 1928 年，原高 5 层，1931 年又添建两层。

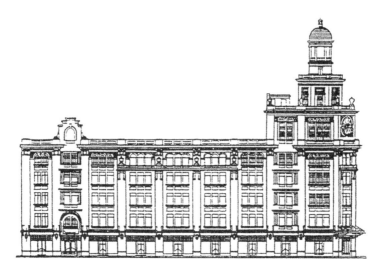

| 天津劝业场（立面）

　　该劝业场平面呈"口"字形，中空，两面临街。中庭部分以钢屋架的坡顶封顶，铺设玻璃天窗，以便下部采光。主要大楼梯布置在中央，从东西两侧接通各楼层。这样的形制虽然交通走廊面积稍多，但是利于租赁式商业经营方式。场内有各种商业店铺、餐馆、茶社、戏院、电影院和地球社（保龄球）等，是当时天津一幢新型的综合性商业建筑。

　　该建筑的外观为折中主义风格，其临街立面窗口或方或圆，个别地方还有带侧柱的凹廊，底层伸出很大的雨罩，显得活泼、轻快、不拘一格。后建六七层位于在路口交角处顶端，其上还建有一塔楼，高耸入云，既突出了该建筑在商业上的宣传价值，又增添了高空感。

　　天津劝业场的形制影响了当时许多商业建筑的风格。

七、广州爱群大厦（旧楼）

　　爱群大厦为大型商业性旅馆建筑，建于1934年，楼高18层，面积11 000平方米，属美籍华人陈卓平所有。它是广州第一座由中国建筑师设计，并由中国建筑工人独立建造的高层建筑。

　　爱群大厦平面呈三角形，中部的天井用于采光、通风。其外观仿照美国摩天大楼形制，追求现代建筑风格，立面处理强调垂直线条，显得简洁、明净、挺拔、高耸。内部南、北两向布置客房，餐厅、厨房设在底层。上下交通有客运电梯和楼梯各一部。

该建筑为 20 世纪 30 年代追求现代主义建筑风格的代表作品之一。

八、北京仁立公司

该建筑属旧建筑扩建门面处理，由梁思成、林徽因设计。

该建筑高 3 层，立面呈近正方形，一层辟有大面积的橱窗，外观为典型的现代式建筑造型。该建筑是 20 世纪 30 年代在现代主义建筑造型上采用民族式装饰的著名实例，其独到之处在于设计者将几个不同时代的民族式细部以融洽的组合装饰在其立面上，主要有北齐天龙山石窟的八角形柱、一斗三升、八字斗拱，宋代的勾片栏杆，清代的琉璃脊吻等。这样的处理，不仅使得该建筑具有浓郁的民族色彩，而且也颇具文化韵味。

第三节
金融机构建筑

>>>

民国时期金融机构的代表建筑有上海的中国银行、汇丰银行新楼，以及青岛的青岛取引所等。

一、上海中国银行

上海的中国银行大楼建于 1936 年，为英国公和洋行与中国建筑师陆谦受联合设计。平面呈长方形，东西长、南北短。

该建筑坐落于黄浦江畔，东临外滩，南与沙逊大厦紧邻。大楼由东西两个部分组成：东部为钢框架结构，总高 17 层；西部为钢筋混凝土结构，高 4 层。第一层为收发钞票的大厅，第二层为营业大厅，第三层为银行办公机构，第四层为礼堂和餐厅。四层以上则为出租的写字楼。

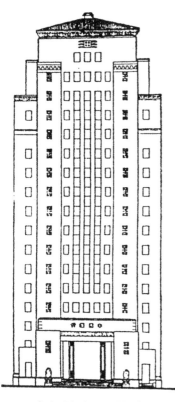
中国银行（立面）

保险库、金库设在地下。大楼外墙全部用国产花岗岩贴面，以显示银行业务牢固可靠。

该大楼属于民族式混合式建筑造型的第二类，功能完全是现代化的，但造型上尽量突出了民族式建筑的艺术特色。其十七层高层部分的顶部采取的是中国传统的四方攒尖式瓦屋顶。正面立面的设计采用传统建筑的一正两厢，或三间两耳的布局习惯，中部主体部分凸起，两侧加设耳间，形成两块辅翼。另外，在檐口、入门、窗沿、窗格及栏杆等部分也采用了传统的装饰纹样，如檐下用混凝土制作成一斗三升斗拱形式，沿高层部分的主立面的两侧应用两列花窗等。

该建筑于高层建筑上对民族形式进行的可贵的探索与尝试，不仅使其在 20 世纪 30 年代兴起的民族式建筑艺术思潮运动中占有一席重要之地，而且也使其在外滩众多的洋式建筑中独具风韵，尤其是与其南侧紧邻的沙逊大厦形成了强烈的对比。

二、上海汇丰银行新楼

上海汇丰银行是清朝光绪四年（1878）以英国商人为主在中国创设的外国银行。最初设于南京路花园弄，后迁至外滩，之后又迁至外滩福州路口。1921 年再事扩建，由英商公和洋行设计，德罗建筑公司承建，建筑耗资 1 000 余万元，1923 年 6 月 23 日举行落成典礼。它曾是民国时期英国在中国势力最大的一家银行。

该建筑四面临街，占地 14 亩，总高 8 层，平面接近正方形，建筑面积 3.2 万平方米。第一层、二层为银行，设有两个营业大厅。其中大而豪华者为外国人专用，位于底层中央，厅高 2 层；另一小而简易者为华人所使，位在大厦西南角处。银行办公室和其他辅助房间基本上沿营业大厅周围布置。4 层以上则租给别家洋行使用。七层、八层为冠戴穹顶，位居建筑顶部中央。地下银库面积很大，可以收藏白银数千万两，设备之先进时为远东银行之冠。

该建筑为古典复兴式。外观以钢筋混凝土结构模仿砖石效果，立面作古典式三段划分，比例严整，构图对称，并且用拱门、柱廊以及中部冠戴穹顶强调出建筑的主轴线。入口两侧各摆一个铜铸狮像，喻示银行资金雄厚，安全可靠。内部极力追求富丽堂皇的古典装饰效果，豪华大厅的柱、墙、地面皆采用意大利云石，大厅顶部装设玻璃天棚，柱廊采取爱奥尼克柱式，天花为藻井式。大厅宽敞、明亮，视觉效果极佳。

该建筑是当时黄浦江畔规模最宏大的洋式建筑，被当时的英国人自诩为"从苏伊士运河到远东白令海峡最华贵之建筑"。

三、青岛取引所

青岛取引所（即交易所），全称青岛取引所株式会社（现为海军北海舰队俱乐部），由日本建筑师三井幸次郎设计，1925 年落成。

交易所平面呈接近正方形，南北两面中间部位略有回缩，东面中间部位则略有突出。其内设有证券、纱布、土产和钱钞 4 个交易大厅。其外观古朴典雅，正面立面划分为三段，中段采用古典柱式构图，水平凸起，富有变化。建筑上部建有中央穹顶，两旁各有一座塔楼，作为装饰。

该建筑最值得称道的是入口门廊的 6 根科林新柱式 ①。6 根石柱分别由 11 块巨石组装而成，每根石柱下端直径约 1.1 米，柱高 11.08 米，二者之比约为 1∶10。柱身周匝还雕刻着 24 个平齿半圆形凹槽，向上逐渐收分，显得安稳、挺拔、秀丽。柱头由卷曲的毛茛叶组成美丽的花篮图案，十分精美。

该建筑位于馆陶路中段，是当时这条街上体量最为宏伟的建筑，同时也是青岛最大的交易市场。

---

① 科林新柱式为古希腊建筑的一种形式。相传古希腊人在祭祀时，偶然将盛放祭品的篮子压在墓地的毛茛根上，春天时毛茛草的茎叶沿着篮子的边缘长出来，等长到顶到上面覆盖的石板瓦时，就自然地卷曲下来。这种形象被路过的科林新人看到，引发了他们的建筑思路。他们模仿毛茛草这种柔和卷曲的样子雕刻于石柱头部，并规定了石柱的比例。以后广为流传，遂称科林新柱式。

第四节
文化教育医疗建筑

>>>

这类建筑的代表作有北京的清华大学礼堂、燕京大学、辅仁大学、国立北平图书馆、协和医院，青岛的水族馆等。

一、清华大学礼堂

该建筑坐落于清华大学校园内，始建于 1918 年，为古典复兴式建筑。

礼堂平面呈八角形，立体为方体、穹顶。整座建筑四面对称，四个立面均仿古希腊的庙宇立面。以四根爱奥尼克式圆柱支承檐部，其上是

| 清华大礼堂 |

略为后缩的山花。建筑中央为穹顶大厅。该建筑所用材料全部进口，施工颇为精良。

存在的问题是由于过于讲求构图形式，造成功能缺憾，厅内视听效果欠佳。

二、燕京大学

燕京大学位于北京西郊海淀，1919 年由美国基督教会创办，建造于 1921 年至 1926 年间，占地 40 万平方米，设计者为美国建筑师默菲。

默菲毕业于耶鲁大学，在美国以设计殖民地式建筑著称。1914 年，他第一次来华，赴长沙为雅礼大学做校园规划，设计了湘雅医学院等中式校舍建筑。1918 年，他再度来华，先后规划设计了金陵大学、金陵女子大学、燕京大学等校园、校舍。他还设计了南京灵谷寺阵亡将士墓和纪念塔等建筑。默菲对研究中国建筑甚感兴趣，他曾说："中国建筑艺术其历史之悠久与结构之严谨，实在使我神往。"后来，他曾任国民政府建筑顾问，对 20 世纪 30 年代中国建筑师的传统复兴建筑创作有较大影响。

在设计规划燕京大学时，默菲根据校址地处古典园林遗址的优越条件，充分利用湖岛、土丘、曲径和充沛的水源，将校园规划成园林化的环境。总平面以未名湖为中心，组织了东西向和南北向的 T 形轴线，并以玉泉山为轴线对景。全校分为 7 个功能区，建筑组合多为三合院。单体建筑皆为二层，系钢筋混凝土结构，内部功能、设备均为现代式，但是外观皆仿传统宫殿形式，青石台基、深红色壁柱、白色墙面；屋顶为庑殿式或歇山式，有单檐的、重檐的，全部铺灰色筒瓦；飞檐之下设斗拱、额枋等饰物，并施以清代彩画，形成古香古色的风格基调，与燕园秀色极为和谐。

燕京大学的主要建筑有：西开的正门，为传统形式；三门，门上镶嵌门钉。与大门正对的贝公楼（今办公楼）。与贝公楼形成三合院形式的穆楼（今外文楼）和睿楼（老图书馆）。在未名湖北侧并排设立的 4 座男生宿舍——才斋、德斋、均斋和备斋，均东西向。位于湖畔的校长住宅——临湖轩。校园南部分两列合成 6 个小院的 14 座女生宿舍楼。在六院北侧的南、北二阁。另外，在未名湖畔东侧竖立一座水塔——博雅塔，外形仿通州燃灯塔，为传统形制，高 13 层，37 米，中空，与未名湖构成湖光塔影，成为燕园一景。

三、辅仁大学

建于 1926 年，由传教士葛莱司耐特设计。

该建筑平面呈放倒的"日"字形，南北向，东西长、南北窄；南面为正面，中部略有凸出，分 3 层逐渐回收。立面正面中部为 3 层，其余为 2 层。教室布置在南北两面围房，教室均在阳面，走廊在北面；办公室位居围房的东西两面，走廊居中，两边为办公室。建筑的中部为图书馆。

该建筑为民族形式。屋面为瓦屋面，檐下斗拱以水泥制作而成。屋面根据下部的结构将传统的大屋顶改为较小的屋顶组合。南房正中为主入口，设计成局部 3 层，屋面稍高于两边，形成叠落式歇山屋面。该建筑最独特之处在其围房的四角，四角升高设计成四方攒尖顶角楼，取故宫的形式。

辅仁大学（现北京师范大学辅仁校区）

该建筑是民国时期采用民族形式建筑公共建筑的比较成功的作品之一。

四、国立北平图书馆

该馆始建于 1929 年，1931 年落成，建筑面积 8 000 平方米。

该馆馆舍为民族形式，仿传统宫殿式样，平面呈"王"字形：南部为阅览室，高 2 层；其主楼以清代宫殿式做法为规矩，重檐庑殿顶，广五楹；立面 10 根檐柱虽呈不规则排列，但整体比例及装饰细部仍保持着严格的传统形制。北部为书库，3 层 2 进，其外形仿西方古典主义的三段式构图，但使用中国民族式的檐柱、斗拱、庑殿顶和须弥座等。

主楼前的月台以汉白玉作石栏，须弥基座；台阶则仿御道陛阶之制，中铺玉龙石雕；台阶前两侧各立一对石狮和华表，烘托布局轴线。在主楼前面两侧还各设一单馆，其屋面为庑殿顶，借连廊与主楼相通。整个建筑端庄但不威严，呈平静宁和之状。

该馆位于西城文津街，南与中南海北门隔街相望，东与北海毗邻。为与周围环境相谐，该馆虽使用钢筋混凝土结构和材料，但其建筑外观均处理成传统木结构式样，外墙为高大的红墙，以此保持了与东面的团城、北海、景山、故宫等一脉相承的景致，不失为保持城市古典风貌的典范作品之一。

五、北京协和医学院（新协和）

北京协和医学院的前身是协和医学堂（旧协和），始建于 1904 年，由英国伦敦医学会联合英、美等 5 个在华教会团体筹设而成，它是北京第一所医学院。1914 年，它被美国洛克菲勒基金会购买，1917 年开始建新舍，并更名为北京协和医学院，1925 年全部建成。新协和由美国建筑师设计。

新协和一共有 25 幢建筑，分为东西两个大区：西区主要是教学、行政和医疗建筑区；东区又分为南北两区，主要是住宅、宿舍建筑区。西区的十几幢建筑均以走廊相连，并形成十字轴线，各建筑依轴线对称布置。在西区南门隔街正对是一座可容纳 350 人的礼堂。

新协和虽为美国建筑师设计，但在外观上却极力模仿着中国传统建筑的风格，比如屋顶为庑殿式琉璃大屋顶，仿清代宫殿式样；屋基为清式台基和栏杆；各建筑的入口均采用单间歇山顶门廊；西区各建筑的布局则依中国传统院落组合的方式，围合成若干三合院等。但其内部的布置和装饰则为现代式。正因为如此，新协和被称为"中国式宫殿里的西方医学学府"。

六、青岛水族馆

该馆始建于 1931 年，1932 年 1 月落成。其是中国第一座海洋生物陈列馆，也是青岛市为数不多的民族式建筑之一。

该馆位于青岛市城南鱼山南麓海滨附近，雄踞岩石之上，俯视海湾。该建筑的设计借鉴了蓬莱海防城堡蓬莱阁的形制，采取古代城楼造型：以红花岗岩石砌成凹凸不平的城垣，城墙上密布雉堞；主建筑为重檐歇山，四角起翘，宛如一座海防堡垒。

该建筑最大的特点是与所处环境融为一体，相得益彰，是民国时期难得的一处具有独特艺术效果的建筑物。

七、哈尔滨文庙

哈尔滨文庙坐落在南岗区文庙街（今哈尔滨船舶工程学院内），始建于 1926 年，落成于 1929 年。

| 哈尔滨文庙大成殿 |

该建筑整体布局为三进院落，占地面积 6 万平方米，建筑面积 5 467 平方米。整座建筑以大成殿为中心，南北形成中轴线，南部从万仞宫墙（俗称影壁）开始，经泮池、泮桥、棂星门、大成门至二院大成殿形成高潮，最后收尾于北端三院的崇圣祠。中轴线左右对称坐落着东西牌楼、庑殿、掖门、石碑等。

由于该地从未出过状元，所以哈尔滨文庙没有开设正门，以万仞宫墙取代正门。万仞宫墙长 44.85 米，高 5.9 米，红色，上镶彩釉琉璃雕花砖，顶铺黄琉璃瓦。泮池、泮桥由 46 根望柱和 50 块栏板构成，结构为汉白玉石。棂星门为三间四柱三层，庑殿顶，铺黄琉璃瓦。大成门建筑为宫殿式，5 个开间，四周环以白玉雕栏，门呈朱红色，上镶 81 颗金钉。

主殿大成殿位于第二进院。哈尔滨文庙是按照大祀祭孔仪式的规格设计建造的，大成殿面阔 11 间，进深 3 间，建筑面积 586 平方米，全国罕见，可与故宫太和殿相比。大殿建于高约 2 米花岗岩台基上，总高 17.95 米。屋顶为重檐庑殿式，铺黄琉璃瓦。殿前宽敞的露台为祭祀孔子时行礼、歌舞场所。

大成殿后的崇圣祠位于第三进院，建筑面积 293 平方米，面阔 7 间，顶为歇山式，铺黄琉璃瓦。

哈尔滨文庙是民国时期建造的最大规模的祭孔建筑。

第五节
宗教、陵墓建筑

>>>

一、哈尔滨圣·索菲亚教堂

该教堂位于透笼街，建于 1923 年至 1932 年间，是哈尔滨最大的东正教堂，最多可容纳 2 000 人。

该建筑属地道的俄罗斯东正教堂风貌。墙为红色，顶为绿色。正方凸出部位设置大门，两边回收，各设一小门，左右对称。墙身布满着罗马风格的连续拱券和拱形窗户，砖砌的方圆相间的壁柱则间隔其间。顶部中央在层叠着的八面形和十六面形两重墩体的上方，冠盖着一个巨大、饱满的大洋葱顶，其周边还耸立着4座大小各异的帐篷顶。整个建筑给人一种宏壮雄浑的感觉。

二、天津老西开教堂

该教堂属天主教教堂，位于滨江道独山路上，始建于1913年，1916年落成，由法国教士设计。该地原属法国租界，该教堂为租界内主教堂，所以又名法国教堂。1945年曾进行大修。

老西开教堂建筑风格属罗曼式。罗曼式为西欧中世纪10世纪至12世纪时盛行的一种建筑风格，其造型坚实有力，富有战斗精神，以后各国逐渐发展出自己的特性。所以，该教堂呈现出的是典型的法国罗曼式的特色。其正面立面呈凹状，顶部两侧各耸立着一个穹隆顶的塔楼。塔高47米，穹隆顶着铜绿色，檐下为连续卷拱，半圆叠梁拱窗。外墙以红白二色的耐火缸砖贴面，二色横向相间，呈条纹状。入口设置3座门户，中间大、两边小。堂室呈拉丁十字式布局，长约60米，至耳堂处宽约30米。堂内列柱2行，分出中殿、侧殿，各为半桶形拱顶。中殿顶略高，约25米。无论是外墙、穹隆顶的颜色搭配，还是堂内三道贯通的空间布局，都呈现出法国罗曼式的典型样式。另外，院内还建有主教府和修女院。

三、袁林

袁林是袁世凯的墓地所在，位于河南安阳洹水（安阳河）北岸太平庄。它是中国最后一座皇陵式的大型茔墓。其造型既继承了传统形式，又糅合了许多近代西方建筑艺术风格。这种古今并组、中西结合的陵地建筑，是我国陵墓建筑史上的一个创举。

该陵墓始建于1916年。其时，袁世凯已死，北洋政府依照他的遗愿，在此地购地140亩兴建，历时2年多建成。

袁林南临洹水的选址，仿照的是美国总统格兰德濒河庐墓的形式。

| 袁　林 |

陵区敞宏宽大，主要建筑分布在南北神道中轴线上，整体布局为三进院
落，绵亘千余米。自洹水北岸的照壁起，计有石拱桥、牌楼门、碑亭、
飨堂、墓庐等。周围以蓁寨围护，并辟渠注水环绕周遭，寨内多植松柏
梅槐，在平旷的洹上一带构成一处景致福地。

　　陵墓格局仿照的是明清皇陵形制，以中国古典建筑规制为体，西洋
建筑风貌为用。其建筑构架以传统的木结构为基本，同时吸收水泥浇铸
型范的近代技术。在图饰装潢方面既沿用民间传统的平涂彩绘，又采取
西洋格调的浮雕手法，形制特别，为国内所仅见。

　　袁林第一进院首见牌楼门，为5间6柱，5座琉璃瓦顶系采用传统
斗拱承托方法构筑，石柱及上下额枋则为水泥钢骨版筑而成。由牌楼门
向北在神道两侧依次对称排列着石柱、石马、石虎、石狮和武将、文
人。第一进院后部为碑亭。碑亭四面各显3间，顶为歇山单檐飞角。亭
壁四门间通，门楣环嵌番卷草条边，是不可多得的砖雕珍品。

　　第二进院为堂院，主要建筑是飨堂（又名景仁堂）。它也是袁林中
最重要的建筑，是设祭之处，中置暖阁、神龛、供桌、牌位、拜石等，
两旁陈列袁氏生前衣冠剑带等物。

飨堂之后第三进院是墓庐。墓庐入口是 1 座 3 间的大铁门，中间大、两边小，此为古代皇帝陵墓所未见。门柱系青白石雕成，琢工精细，别见特色。其构架与浮雕具有西洋柱廊式风格，与中式建筑形成鲜明的建制对比。中间铁门上有一对徽章式墓徽，上铸十二章纹，标志着墓主人的非常身份。墓前是石供桌，上设 5 供 1 堂。墓台呈长方形，其上周边置石柱，挂铁链。墓茔位于墓台中央，呈圆形，墙身及圹顶均厚 3 尺，宝顶植草作护。

袁林这种中西合集的构筑手法鲜明地反映出当时中国半殖民地半封建社会的时代特点。

四、中山陵

中山陵是中国民主革命的先驱孙中山先生的陵墓。该建筑的设计方案于 1925 年以竞赛的形式中标产生。当时参赛的设计方案有 40 余份，最后在有中外建筑师共同参加的设计竞赛中，中国建筑师的设计方案分获头等、二等、三等奖。吕彦直获头等奖，于是取用他的方案。这是中国建筑师第一次规划设计的大型纪念性建筑组群。

该建筑于 1926 年奠基，1929 年建成。

中山陵位于南京紫金山南麓，海拔 158 米，周围山势雄伟，风光开阔。陵园倚坡面南而筑，占地 3 000 公顷，园内广植苍松翠柏，与山岚一色。其总体布局沿中轴线可分为南北两大部分：南部包括入口石牌楼和墓道；北部包括陵门、碑亭、石阶、祭堂、墓室。整个陵园环绕以陵墙，呈木铎形，取"唤起民众"之寓意。

陵园入口为一白石冲天牌楼，三间四柱，形体高大、庄严，其前为一圆形广场。牌楼后墓道长数百步，其势平缓，两侧植雪松苍柏，气氛寂然。墓道尽头为陵门，立于高台之上，单檐三间，肃穆端庄。其后为临碑亭，重檐歇山式，高大挺拔。亭后石阶全长 700 余米，分 8 段，共 392 阶，3 道并行，顺势升高，并依山势而渐趋陡峭，直指顶部祭堂。祭堂前辟一不大广场，两侧分立炉鼎、石柱各一。祭堂为主体建筑，平面为近正方形；面阔 5 间；四角出角室，外观立面呈 4 个大尺寸的石墙

南京中山陵

中山陵祭堂

墩；顶为重檐歇山式，铺蓝琉璃瓦；墙用白石砌筑。整个建筑造型庄重坚实。祭堂内为穹顶，无柱，中置孙中山先生全身坐像，四周衬托黑色花岗岩石立柱和黑色大理石护壁，宁静肃穆。堂后密合重门直通墓室，墓室呈半球形，上为穹顶，下设圆塘，塘中置下沉式矩形墓穴，以大理石建造。整个建筑组群通过长长的墓道、大片的绿化地和宽大的石阶，把散立的、小尺寸的单体建筑联结成一个具有宏大规模的整体，体现出恢宏的气势。

中山陵总体规划呈民族风格，借鉴了传统陵墓的布局原则，但它并没有拘泥于传统，而是加以简化和创新。其中石牌楼、陵门、碑亭等沿用的是清代建筑的基本形制，但加以简化；祭堂的造型则有较大的创新成分，形象独特。同时，它通过运用新材料、新技术，采用纯净明朗的色调与简洁的装饰，使得整个建筑组群不仅呈现出庄重的纪念性格、浓郁的民族韵味，而且还浸透着现代的新格调。它是中国民族式建筑第一次成功的起步。

第六节
住宅建筑

>>>

一、上海毕卡地公寓

毕卡地公寓（现名衡山公寓）位于徐家汇衡山路上，建于1934年，业主为上海万国储蓄会，由法商营造公司设计，取钢筋混凝土结构。

该建筑属现代主义风格，表面朴素无饰，唯注重形体变化与立面的线条划合。其平面呈"八"字形。立面正中高15层，两翼渐次跌落，降至8层。底层为出租商店。公寓套房共87套，分二间、三间、五间不等，其中起居室、卧室大都朝南，浴室、卫生间、餐厅、厨房等皆朝北，南北之间以一宽大走廊相隔。有的还设有仆役居室，位居厨房之后，有独立的出入通道相通。楼内上下交通有 6 部客运电梯和 2 部货运电梯，十分便利。另外，在庭内还设有 3 层车库。

该公寓大楼是当时上海有代表性的高层公寓建筑。

二、上海沙逊别墅

该别墅位于虹桥路上，建于 1932 年，两层木质结构，占地 3.5 万平方米，属英国商人沙逊·维克多所有。

该建筑取英国中世纪流行的哥特式住宅风格：外墙墙面饰以白色，深棕色的木结构半露在外；屋顶巨大而陡峭，包覆着大半个建筑外表。内部分为前中后 3 个部分：前部（南）为主人用房，有客厅、书房及卧室，客厅、书房设在一层，卧室设在二楼；后部（北）为服务性用房；中部是餐厅、厨房。建筑周围环绕开阔平整的草坪，与坡顶木质的住宅相谐，构成一幅田园风光。

沙逊别墅在当时的上海以设计优良、风格独特而见长，是有名的豪华花园洋房。

三、上海马勒别墅

该住宅位于陕西南路，建于 1936 年，为砖木结构，三层。房主为英国商人马勒。

住宅外形取挪威传统住宅样式：立面多凹凸，墙体用各色耐火砖镶砌，屋顶呈坡状，顶部多尖角，窗户为拱形，门、窗、阳台以极烦琐的花纹作装饰。屋顶后部中央还突起一阁楼，四面开窗。住宅围墙以进口耐火砖砌筑，上铺琉璃瓦。园内还建有花房、葡萄园，均以瓷砖铺地，上罩黄色玻璃。另外，还有一青铜马像和大理石的狗坟。马勒是靠跑狗、赛马赌博发迹起来的，所以有此情趣。

该住宅鲜明地表现出了在殖民地城市暴发的外国资本家的爱好与情趣。

| 马勒别墅 |

第七节
工业建筑

>>>

民国时期，工业建筑的代表作品有上海的杨树浦电厂透平间、杨树浦电厂五号锅炉间、上海啤酒厂酿造楼等。

一、上海杨树浦电厂透平间

该电厂位于黄浦江北岸，建于1910年，为英商所有。

民国建筑雕塑史

透平间为单层，初建于 1912 年，以后陆续建成。其结构为全钢结构，包括钢柱、钢屋架、钢桁条、钢吊车梁等，顶为瓦楞白铁皮顶。其钢桁架跨度达 20 米，柱高 16.7 米。初建时设 25 吨吊车，以后扩建部分设有 50 吨吊车，为民国时期拥有最大吊车吨位的车间之一。车间内安置 16 座透平发电机，发电总量为 19.85 千瓦，占当时上海总耗量的 80% 以上。

二、上海杨树浦电厂五号锅炉间

杨树浦电厂于 1928 年由美商收购，以后继续扩建。五号锅炉建于 1938 年，占地面积 700 余平方米，总高 10 层。它是民国时期最高的一座采用钢框架结构的多层厂房。一层、二层为灰坑，三层、四层为燃烧室，五层、六层为燃烧室和过热器室，七层为气泡室，八层为煤仓，九层安装着两架打风机，十层安设了两架引风机。

该锅炉间安装的锅炉设备是当时远东最大最新式的。为了承受锅炉的重量，钢柱的基本间距为 5.4 米，钢柱断面为 40×40 厘米，每柱承重 500 吨。钢梁断面则为 75 厘米。外墙为钢丝网混凝土结构，厚 10 厘米。屋盖为桁架式屋架梁，顶平屋面，也为钢筋混凝土结构，铺沥青油毛毡。其附设的烟囱高达 110 米，铁质，为民国时期最高的构筑物。

三、上海啤酒厂酿造楼

上海啤酒厂原属挪威商人，后归英商。其设备全部进口，生产工艺流程全部机械化，是当时比较先进的工厂。

其酿造楼建成于 1933 年，为钢筋混凝土结构，占地面积 1 800 多平方米，总高 48 米多，共 9 层，地下还有一层。底层为糖化间，一至三层为原料贮藏仓库和输送设备间，四层为麦芽粉碎间，五层为发酵、压缩机与清麦间，六层为麦芽汁冷却间，七层为麦芽汁澄清间，八层设置水箱，九层为工厂主的居室和电梯机房。为了隔热、保温，其外墙为双层结构，中衬软木；底层地面和顶层屋顶均以 15 厘米厚的软木为保温层，并以钢丝网水泥板为保护层。

该建筑是民国时期最高的一座钢筋混凝土结构厂房。

古人论建筑雕塑

选目：顾建华

标点：宛　霞　顾　勤　冯宝树

洛阳名园记（节选）

李文叔

【题解】

　　《洛阳名园记》成书年代不详，疑为北宋徽宗初期，即 12 世纪初。书中所载诸园于靖康元年（1126）金人陷汴京后被毁。故本书为研究北宋末年园林艺术的重要史料之一。这里节选的两园，一为大官僚的庭园，一为民间巨富的庭园。

　　作者李文叔为北宋时山东人，其余不详。明代新安人吴琯曾对此书进行校对。

【原文】

富郑公园

　　洛阳园池多因隋唐之旧，独富郑公园最为近辟。而景物最胜游者，自其第东出探春亭，登四景堂，则一园之景胜可顾览而得。南渡通津桥上方流亭，望紫筠堂而还。右旋花木中有百余步，走荫樾亭、赏幽台，抵重波轩而止。直北走土筠洞，自此入大竹中。凡谓之洞者，皆斩竹丈许，引流穿之，而径其上。横为洞一，曰土筠。纵为洞三，曰水筠，曰石筠，曰榭筠。历四洞之北有亭五，错列竹中，曰丛玉，曰披风，曰漪岚，曰夹竹，曰兼山。稍南有梅台。又南有天光台，台出竹木之杪。遵洞之南而东，还有卧云堂。堂与四景堂并南北左右二山背压通流。凡坐此，则一园之胜可拥而有也。郑公自还政事归第，一切谢宾客，燕息此园几二十年。亭台花木皆出其目营心匠，故逶迤衡直，闿爽深密，皆曲有奥思。

董氏西园

董氏西园，亭台花木不为行列，区处周旋，景物岁增月葺所成。自南门人，有堂相望者三。稍西一堂，在大地间。逾小桥，有高台一。又西一堂，竹环之中，有石芙蓉，水自其花间涌出。开轩窗四面甚敞，盛夏燠暑不见畏日，清风忽来留而不去，幽禽静鸣，各夸得意，此山林之景而洛阳城中遂得之于此。小路抵池，池南有堂，面高亭堂，虽不宏大而屈曲甚邃。游者至此往往相失，岂前世所谓迷楼者类也。元祐中，有留守喜宴集于此。

元代画塑记（节选）

佚 名

【题解】

《元代画塑记》原为元代《经世大典 工典》的一部分，记录当时官方绘画、塑作等所用材料及其多少。虽然记录文字有流水账之嫌，然对研究我国雕塑史、绘画史极有益。全书大致可分四部分。（一）御容：记载宫廷画师奉命画塑皇帝、后、妃像。（二）儒道像：记载宫廷画师画塑孔子及道教诸神像。（三）佛像。（四）杂器用。《经世大典》早已失传。现存《画塑记》采自《广仓学窘丛书》。

作者佚名。

古之像物肖形者，以五采章施五色，曰绘、曰绣而已。其后始有范金埏土而加之采饰焉。近代又有织丝以为像者，至于其功益精矣。

御　容

成宗皇帝大德十一年十一月二十七日，敕丞相脱脱、平章秃坚帖木儿等，成宗皇帝贞慈静懿皇后御影，依大天寿万宁寺内御容织之。南木罕太子及妃、晋王及妃，依帐殿内所画小影织之。将作院移文诸色总管府，绘画御容三轴、佛坛三轴。用物：细白氁丝三千一百九尺，土粉二十三斤一十四两八钱，胡麻一十三斤，明胶九斤，西碌三斤，心红五斤，回青三斤，回胭脂一斤，藤黄一十二两九钱六分，西番粉九斤，西番碌九斤，叶子雄黄二斤，生石青一十九斤，松方一条。

仁宗皇帝延祐七年十二月十七日，敕平章伯帖木儿、道与阿僧哥、小杜二，选巧工及传神李肖岩，依世祖皇帝御容之制，画仁宗皇帝及庄懿慈圣皇后御容，其左右佛坛咸令全画之。比至周年，先令完备。凡用物及诸工饮膳，移文省部取之。仁宗皇帝及庄懿慈圣皇后御容，并半统佛坛等画三轴。各高九尺五寸、阔八尺。用物：细白氁丝一百一十四尺、阔二尺，平阳土粉三十斤，回胭脂一斤八两，明胶二十四斤，回胡麻一十五斤，泥金三两七钱五分，拣生石碌一十三斤，黄子红四斤十四两，西番粉一十五斤六两，西番碌九斤六两，五色绒一斤八两，朱砂三斤，拣生石青三十斤，大红销金梅花罗一百二十尺、阔二尺，大红官料丝绢一百二十尺，鸦青暗花素绽丝二百四十尺，真紫梅花罗二十一尺、阔二尺，紫檀木六条，黑木炭两千个，江淮夹纸一千三百张，线纸一千三百张，木柴一千三百束。

英宗皇帝至治三年十二月十一日，太傅朵儝、左丞善生、院使明理董瓦进呈太皇太后、英宗皇帝御容。汝朵儝、善僧、明理董阿即令画毕复织之。合用物及提调监造工匠饮食，移文省部应付。显宗皇帝、皇后佛坛三轴，太皇太后佛坛三轴，小影神一轴。用物：细白氁丝二百四十尺、阔二尺，平阳土粉六十四斤，回胡麻三十二斤，明胶五十一斤，心红一十九斤，叶子雌黄一十二斤，朱砂六斤六两，黄子红一十斤，拣生石青六十二斤，西番碌一十斤四两，西番粉三十二斤一十两，五色绒三斤半，江淮夹纸二千六百张，大红销金梅花罗二百五十二尺，大红官粉丝绢二百五十二尺，大红绒条一十四条、各长三十尺。

今上皇帝天历二年二月十三日，敕平章明理董阿、同知储政院使阿木腹："朕今绘画皇妣皇后御容，可令诸色府达鲁花赤阿咱、杜总管、蔡总管、李肖岩提调速画之。"回奏："昨随路府有余下西番颜料，今就用之。傥不足，拟移文省部需用。"上从之。诸色府下梵像提举司绘画。用物：土粉五斤，回胭脂八两，回青八两，回胡麻二斤，明胶五斤，心红三斤，泥金一两二钱五分，黄子红一斤一十四两，西番粉三斤二两，西番碌三斤八两，叶子雌黄二斤，紫粉八两，官粉三斤，鸡子五十个，生石青一十斤，鸦青暗花纻丝八十尺，五色绒八两，大红销金梅花罗四十尺，大红绢四十尺，紫梅花罗七尺，紫檀轴一，椴木额一条，白银六两。十一月八日敕平章明理董阿："汝提调重重文献皇后、武宗皇帝共坐御影，凡所用物及工匠饮膳，令诸色府移文依旧历需之。"用物：土粉五斤，明胶五斤，回青八两，回胭脂八两，回胡麻一斤，心红三斤，泥金一两二钱，黄子红一斤，官粉三斤，紫粉八两，鸡子五十个，生石青十一斤，五色绒八两，西番粉三斤，西番碌三斤，叶子雌黄二斤，黑木炭七百斤，大红销金梅花罗四十尺，大红官绢四十尺，紫梅花罗七尺，银褐绢一匹，白绢三十八匹，大红绒条二条各长五尺，南木一条长一丈五寸，椴木一条长一丈五寸，银六两。

至顺元年八月二十八日，平章明理董阿于李肖岩及诸色府达鲁花赤阿咱剌达处传敕："汝一处以九月四日为首破日，即与太皇太后绘画御容并佛坛二轴，其西番颜色就用随路府所贮者，余物及工匠饮膳，依前例令诸色府移文省部需之。"太皇太后御容并佛坛三轴，各高九尺五寸、阔八尺。用物（梵像提举①）：西番粉十五斤八两，西番碌九斤六两，叶子雌黄六斤，平阳土粉三十斤，明胶二十四斤，回青一斤八两，回胡麻

---

① 梵像提举：即梵像提举司，官署名。掌绘画佛像及土木刻削工匠。

一十三斤，回胭脂一斤八两，黄子红四斤十四两，拣生石青三十斤，五色绒一斤八两，代赭石三斤，鸡子一百五十个，南细墨一十五斤，泥金三两五钱五分，银褐丝绢三尺，江淮夹纸一千五百张，白及八两，大红料绢一百二十尺，片脑九两五钱，紫梅花罗二十一尺，鸦青暗花绽丝一百八十尺，麝香九两五钱，黑木炭两千个，大红绒条各长三十五尺，白料丝绢一百一十四尺，本局造紫檀木轴杆三条，各长一丈五寸、方二寸半，椴木额幅三条，各长一尺五寸、阔二寸半。打钑银局造银环二副，用银一十八两。玛瑙局造白玉五爪铃杵轴头三副，用白玉六块、各长四寸五分、直径二寸七分；西番砂六斤，下水砂一石二斗。

儒道像

元贞元年正月，太史臣奏："尝奉先帝旨令，那怀建三皇殿及塑三皇像，并造制药、贮药等屋，今皆未完。奉旨，令那怀移文中书省需所用物速成之。"三皇三尊、每尊帝山座。十大名医一十尊。神獒一。虎一。用物：黄土七十一石二斗，西安祖红土一十六石三斗，净砂一十七石八斗，稻穰八十三束，扎麻二百二十斤，水湿棉纸一百九十八斤，方铁条一十八斤，豌豆铁条一十六斤，绿豆铁条八斤，黄米铁条四斤八两，针条三斤，南土布三匹，睛目一十五对，南铁五百八十斤一十两，水和炭八千八十斤，松木一十一条，明胶二十三斤一十两，黄子红八两，赤金官箔二千，平阳土粉二十六斤，藤黄七两五钱，生西碌九斤四两，生石青一十六斤，包金土二斤一十二两，上色心红二斤一十四两，回青二斤四两，回胭脂三两一钱，南细墨四两，官粉二斤十两，瓦粉八两，生绢二托，北土布二匹，黄丹一十八两。

大德三年十一月十六日，法师张松坚言："北斗殿前三清殿左右廊已盖毕。其中神像未塑。奉旨。可与阿尼哥言，其三清殿左右神像，凡所用物皆预为储备，俟天□塑之。"三清殿左右廊房真像一百九十一尊，壁饰六十四扇。梵像画局凡用赤金官箔九万三千一百一十二，平阳土粉一千四百六十五斤，明胶八百八十斤，生西碌六百三十七斤，上色心红一百七十三斤，黄子红二十二斤，拣生石青一千九百七十四斤，回胭脂二十四斤，拣生石碌二十一斤，回青四十六斤，朱砂五十一斤，黄丹五十八斤，藤黄三十四斤，官粉一百四十九斤，瓦粉七十八斤，汉儿青八十五斤，川色金五十斤，代赭石三十斤，黑木炭三千个，南土布三匹，生绢三匹，大小粉笔三千八百管，筋头笔二千一百管，描笔一百管，绫金笔一千八百管，莲子笔一千五百管，枣心笔六百管，连边纸两千张，绵纸两千张，熟白麂皮二十五张，熟白牛犊皮二十张，绵子一十三斤，黄蜡三十斤，白矾四十五斤，皂角三十斤，槐子三十斤，夹纸一千五百张，木局造胎座等用柏木二十六条，朽木五百八十三条，槐木一十七条，椴木四十九条，明胶二百二十斤。出蜡局塑造用黄土一千二百六石，西安祖红土三百六十三石六斗，白绵纸五千一百六十八张，好麻八千七百二十斤，净砂三百石，稻穰一千五百六十一束，方铁条八百九斤，豌豆铁条六百一十七斤，绿豆铁条三百斤，黄米铁条三百四十一斤，针条一百六十一斤，黑木炭一千七百五十八个，睛目一百九十一对。镔铁局打造钉鋦子、铁手枝条等用东铁一万二千一百九十九斤，南铁四千五百五十九斤，水和炭五万二百七十六斤。

大德六年九月，奉敕建文庙。令都城所会计先建大成殿大成门。工部议，除木植委本部郎中贾奉政收置，石灰于元运计置灰内从实使用，余物官给之。不敷，下大都路和买，仍委贾郎中提调，都城所同提举王徵事监工。于是下诸色府塑先圣先师像。奉旨，准至圣文宣王一位，亚圣并十哲一十二位。用物：平阳土粉一百九斤，明胶一百六斤十三两，黄子红三斤五两，官粉一十斤，代赭石二斤，白矾三斤，麻七百七十斤，豌豆铁条一十六斤，东铁一百九十九斤，南铁四百七十四斤，水和炭二千〇二十一斤，拣生石青二十四斤，回青三斤六两，黄蜡一斤，朱砂七两，连边纸八百张，熟四碌四十三斤，白线纸三百六十张，心红六斤一十两，穰子一百一十束，松板六十三块，黑木炭二百斤，赤金官箔二千三百九十五，睛目一十三对，黄土九十六石，净砂一十五石，西安祖红一十四石。

大德八年三月，奉皇后旨。守城隍庙人言："昔世祖皇帝尝令于城隍庙东建三清殿一所，其中未有圣像，及其余神像有坏者亦多，可令阿尼哥塑三清圣像，余神像有坏者咸修之。"补塑修妆一百八十一尊。内正殿一十三尊，侧殿西廊九十三尊，侧殿东廊七十三尊，山门神二尊，创造三清圣像及侍神九尊。用物：梵像画局用赤金官箔五千七百八十，平阳土粉二百二十二斤，明胶一百一十斤，泥金三两，生西碌五十四斤，上色心红二十三斤，拣生石青一百一十斤，熟石大青三十斤，黄子红七斤，黄丹二十一斤，回青七斤，回胭脂二斤，官粉三十三斤，瓦粉三十一斤，藤黄二斤，南细墨一斤，川色金一十五斤。出蜡局用黄土九石三斗，西安祖红二十五石，麻七百五十二斤，穰子八十束，净砂二十七石，白线纸四百一十六斤，方铁条一百五十斤，豌豆铁条一百一十一斤，绿豆铁条二十五斤，黄米铁条一百四十三斤，针铁条五十八斤，黑头发六两，睛目九对。木局成造胎座等用赤枯木一十七条，松木一百一十七条，椴木二十三条，槐木五条，明胶一百一十四斤。镔铁局造钉线等用东简铁一千二百八斤，水和炭三千六百二十六斤。

园　冶（节选）

计　成

【题解】

　　《园冶》成书于明代崇祯七年（1634），被日本学者誉为"世界最古之造园书籍"。作为我国最早的一部园林艺术理论专著，《园冶》系统而又精辟地总结了先秦至明代以来具有鲜明民族特色的中国古典园林艺术的审美经验和造园经验。全书共分三卷。卷一首篇为《兴造论》，总论造园艺术的一般原则；次篇为《园说》，下分《相地》《立基》《屋宇》《装折》四篇，阐述从选址、绘图到室内装修等各种具体的造园艺术手法。卷二为《栏杆》，阐述制造栏杆的美学标准和数十种栏杆图式。卷三分《门窗》《墙垣》《铺地》《掇山》《选石》《借景》诸篇，阐述相关的园林审美问题及艺术手法。这里全文收录了《自序》《兴造论》《园说》《借景》诸篇，节选了卷一、卷三其余各篇的开头部分。《园冶》提出的"虽由人作，宛自天开"的造园宗旨，"巧于因借，精在体宜"的造园原则，以及具体论述的各种造园手法和工艺，对后人有很大影响。

著者计成（1582—?），明末园林艺术家。字无否，号否道人。吴江（今属江苏）人。一生致力于园林建筑，曾在润州（今镇江）、晋陵（今常州）、銮江（今仪征）、扬州等地为私家造园，颇负盛名。

【原文】

自 序

不佞少以绘名，性好搜奇，最喜关仝、荆浩笔意，每宗之。游燕及楚，中岁归吴，择居润州。环润皆佳山水，润之好事者，取石巧者置竹木间为假山。予偶观之，为发一笑，或问曰："何笑?"予曰："世所闻有真斯有假，胡不假真山形，而假迎勾芒者之拳磊乎?"或曰："君能之乎?"遂偶为成壁，睹观者俱称："俨然佳山也!"遂播闻于远近。适晋陵方伯吴又于公闻而招之。公得基于城东，乃元朝温相故园，仅十五亩。公示予曰："斯十亩为宅，余五亩，可效司马温公'独乐'制。"予观其基形最高，而穷其源最深，乔木参天，虬枝拂地。予曰："此制不第宜掇石而高，且宜搜土而下；令乔木参差山腰，蟠根嵌石，宛若画意；依水而上，构亭台错落池面，篆壑飞廊，想出意外。"落成，公喜曰："从进而出，计步仅四百，自得谓江南之胜，唯吾独收矣!"别有小筑，片山斗室，予胸中所蕴奇，亦觉发抒略尽，盖复自喜。时汪士衡中翰，延予銮江西筑，似为合志，与又于公所构，并骋南北江焉。暇草式所制，名《园牧》尔。姑孰曹元甫先生游于兹，主人偕予盘桓信宿。先生称赞不已，以为荆关之绘也，何能成于笔底?予遂出其式视先生，先生曰："斯千古未闻见者，何以云'牧'?斯乃君之开辟，改之曰'冶'可矣。"

时崇祯辛未之秋杪否道人暇于扈冶堂中题。

兴造论

世之兴造，专主鸠匠，独不闻三分匠、七分主人之谚乎?非主人也，能主之人也。古公输巧，陆云精艺，其人岂执斧斤者哉?若匠唯雕镂是巧，排架是精；一梁一柱，定不可移，俗以"无窍之人"呼之，甚确也。故凡造作，必先相地立基，然后定其间进，量其广狭，随曲合方，是在主者。能妙于得体合宜，未可拘率。假如基地偏缺，邻嵌何必欲求其齐，其屋架何必拘三五间，为进多少？半间一广，自然雅称。斯所谓主人之七分也。第园筑之主，犹须什九，而用匠什一。何也？园林巧于"因""借"，精在"体""宜"，愈非匠作可为，亦非主人所能自主者，须求得人；当要节用。因者：随基势之高下，体形之端正，碍木删桠，泉流石注，互相借资。宜亭斯亭，宜榭斯榭，不妨偏径，顿置婉转，斯谓"精而合宜"者也。借者：园虽别内外，得景则无拘远近，晴峦耸秀，绀宇凌空。极目所至，俗则屏之；嘉则收之，不分町疃，尽为烟景，斯所谓"巧而得体"者也。体、宜、因、借，匪得其人，兼之惜费，则前工并弃，即有后起之输、云，何传于世？予亦恐浸失其源，聊绘式于后，为好事者公焉。

园　说

　　凡结林园，无分村郭，地偏为胜，开林择剪蓬蒿；景到随机，在涧共修兰芷。径缘三益，业拟千秋。围墙隐约于萝间，架屋蜿蜒于木末。山楼凭远，纵目皆然；竹坞寻幽，醉心即是。轩楹高爽，窗户虚邻；纳千顷之汪洋，收四时之烂漫。梧阴匝地，槐荫当庭；插柳沿堤，栽梅绕屋；结茅竹里，浚一派之长源：障锦山屏，列千寻之耸翠。虽由人作，宛自天开。刹宇隐环窗，仿佛片图小李；岩峦堆劈石，参差半壁大痴。萧寺可以卜邻，梵音到耳；远峰偏宜借景，秀色堪餐。紫气青霞，鹤声送来枕上；白蘋红蓼，鸥盟同结矶边。看山上个篮舆，问水拖条枋杖；斜飞堞雉，横跨长虹。不羡摩诘辋川，何数季伦金谷。一湾仅于消夏，百亩岂为藏春，养鹿堪游，种鱼可捕。凉亭浮白，冰调竹树风生；暖阁偎红，雪煮炉铛涛沸。渴吻消尽，烦顿开除。夜雨芭蕉，似杂鲛人之泣泪；晓风杨柳，若翻蛮女之纤腰。移竹当窗，分梨为院；溶溶月色，瑟瑟风声；静扰一榻琴书，动涵半轮秋水。清气觉来几席，凡尘顿远襟怀。窗牖无拘，随宜合用；栏杆信画，因境而成。制式新番，裁除旧套。大观不足，小筑允宜。

相 地

园基不拘方向，地势自有高低，涉门成趣，得景随形，或傍山林，欲通河沼。探奇近郭，远来往之通衢；选胜落村，借参差之深树。村庄眺野，城市便家。新筑易乎开基，只可栽杨移竹；旧园妙于翻造，自然古木繁花。如方如圆，似偏似曲。如长弯而环璧，似偏阔以铺云。高方欲就亭台，低凹可开池沼，卜筑贵从水面，立基先究源头，疏源之去由，察水之来历。临溪越地，虚阁堪支；夹巷借天，浮廊可度。倘嵌他人之胜，有一线相通，非为间绝，借景偏宜；若对邻氏之花，才几分消息，可以招呼，收春无尽。架桥通隔水，别馆堪图。聚石垒围墙，居山可拟。多年树木，碍筑檐垣，让一步可以立根，斫数桠不妨封顶。斯谓雕栋飞楹构易，荫槐挺玉成难。相地合宜，构园得体。

立 基

凡园圃立基，定厅堂为主。先乎取景，妙在朝南。倘有乔木数株，仅就中庭一二。筑垣须广，空地多存，任意为持，听从排布。择成馆舍，余构亭台；格式随宜，栽培得致。选向非拘宅相，安门须合厅方。开土堆山，沿池驳岸。曲曲一弯柳月，濯魄清波；遥遥十里荷风，递香幽室。编篱种菊，因之陶令当年；锄岭栽梅，可并庾公故迹。寻幽移竹，对景莳花。桃李不言，似通津信；池塘倒影，拟入鲛宫。一派涵秋，重阴结夏。疏水若为无尽，断处通桥；开林须酌有因，按时架屋。房廊蜒蜿，楼阁崔巍，动"江流天地外"之情，合"山色有无中"之句。适兴平芜眺远，壮观乔岳瞻遥。高阜可培，低方宜挖。

屋 宇

凡家宅住房，五间三间，循次第而造。唯园林书屋，一室半室，按时景为精。方向随宜，鸠工合见，家居必论，野筑唯因。虽厅堂俱一般，近台榭有别致。前添敞卷，后进余轩。必用重椽，须支草架；高低依制，左右分为。当檐最碍两厢，庭除恐窄；落步但加重庑，阶砌犹深。升栱不让雕鸾，门枕胡为镂鼓；时遵雅朴，古摘端方。画彩虽佳，木色加之青绿；雕镂易俗，花空嵌以仙禽。长廊一带回旋，在竖柱之初，妙于变幻。小屋数椽委曲，究安门之当，理及精微。奇亭巧榭，构分红紫之丛；层阁重楼，迥出云霄之上；隐现无穷之态，招摇不尽之春。槛外行云，镜中流水，洗山色之不去，送鹤声之自来。境仿瀛壶，天然图画，意尽林泉之癖，乐余园圃之间。一鉴能为，千秋不朽。堂占太史，亭问草玄，非及云艺之台楼，且操般门之斤斧。探奇合志，常套俱裁。

装折

凡造作难于装修，唯园屋异乎家宅。曲折有条，端方非额，如端方中须寻曲折，到曲折处还定端方，相间得宜，错综为妙。装壁应为排比，安门分出来由。假如全房数间，内中隔开可矣。定存后步一架，余外添设何哉？便径他居，复成别馆。砖墙留夹，可通不断之房廊；板壁常空，隐出别壶之天地。亭台影罅，楼阁虚邻。绝处犹开，低方忽上。楼梯仅乎室侧，台级藉矣山阿。门扇岂异寻常，窗棂遵时各式。掩宜合线，嵌不窥丝。落步栏杆，长廊犹胜；半墙户槅，是室皆然。古以菱花为巧，今之柳叶生奇。加之明瓦斯坚，外护风窗觉密。半楼半屋，依替木不妨一色天花；藏房藏阁，靠虚檐无碍半弯月牖。借架高檐，须知下卷；出幎若分别院，连墙似越深斋。构合时宜，式征清赏。

门窗

门窗磨空，制式时裁，不唯屋宇翻新，斯谓林园遵雅。工精虽专瓦作，调度犹在得人。触景生奇，含情多致；轻纱环碧，弱柳窥青。伟石迎人，别有一壶天地；修篁弄影，疑来隔水笙簧。佳境宜收，俗尘安到！切忌雕镂门空，应当磨琢窗垣；处处邻虚，方方侧景。非传恐失，故式存余。

墙垣

凡园之围墙，多于版筑，或于石砌，或编篱棘。夫编篱斯胜花屏，似多野致，深得山林趣味。如内花端、水次、夹径、环山之垣，或宜石砖，宜漏宜磨，各有所制。从雅遵时，令人欣赏，园林之佳境也。历来墙垣，凭匠作雕琢花鸟仙兽，以为巧制，不第林园之不佳，而宅堂前之何可也。雀巢可憎，积草如萝；祛之不尽，扣之则废，无可奈何者。市俗村愚之所为也，高明而慎之。世人兴造，因基之偏侧，任而造之；何不以墙取头阔头狭就屋之端正，斯匠主之莫知也。

铺　地

大凡砌地铺街，小异花园住宅。唯厅堂广厦中铺，一概磨砖；如路径盘蹊，长砌多般乱石。中庭或宜叠胜，近砌亦可回文。八角嵌方，选鹅子铺成蜀锦；层楼出步，就花梢琢拟秦台。锦线瓦条，台全石版，吟花席地，醉月铺毡。废瓦片也有行时，当湖石削铺，波纹汹涌；破方砖可留大用，绕梅花磨斗，冰裂纷纭。路径寻常，阶除脱俗。莲生袜底，步出个中来；翠拾林深，春从何处是？花环窄路偏宜石，堂迥空庭须用砖。各式方圆，随宜铺砌，磨归瓦作，杂用钩儿。

掇　山

掇山之始，桩木为先，较其短长，察乎虚实。随势挖其麻柱，谅高挂以称竿。绳索坚牢，扛台稳重。立根铺以粗石，大块满盖桩头。堑里扫于查灰，着潮尽钻山骨。方堆顽夯而起，渐以皱文而加。瘦漏生奇，玲珑安巧。峭壁贵于直立；悬崖使其后坚。岩、峦、洞、穴之莫穷；涧、壑、坡、矶之俨是。信足疑无别境，举头自有深情。蹊径盘且长，峰峦秀而古，多方景胜，咫尺山林。妙在得乎一人，雅从兼于半土。假如一块中坚而为主石，两条傍插而呼劈峰，独立端严，次相辅弼，势如排列，状若趋承。主石虽忌于居中，宜中者也可；劈峰总较于不用，岂用乎断然。排如炉、烛、花瓶，列似刀山剑树；峰虚五老，池凿四方；下洞上台，东亭西榭。罅堪窥管中之豹，路类张孩戏之猫；小藉金鱼之缸，大若鼍都之境；时宜得致，古式何裁？深意画图，余情丘壑；未山先麓，自然地势之嶙嶒。构土成冈，不在石形之巧拙。宜台宜榭，邀月招云；成径成蹊，寻花问柳。临池驳以石块，粗夯用之有方；结岭挑之土堆，高低观之多致。欲知堆中之奥妙，还拟理石之精微。山林意味深求，花木情缘易逗。有真为假，做假成真；稍动天机，全叨人力；探奇投好，同志须知。

选　石

夫识石之来由，询山之远近。石无山价，费只人工。跋蹑搜巅，崎岖挖路。便宜出水，虽遥千里何妨；日计在人，就近一肩可矣。取巧不但玲珑，只宜单点；求坚还从古拙，堪用层堆。须先选质无纹，俟后依皱合掇。多纹恐损，无窍当悬。古胜太湖，好事只知"花石"；时遵图画，匪人焉识黄山。小仿云林，大宗子久。块虽顽夯，峻更嶙峋，是石堪堆，便山可采。石非草木，采后复生，人重利名，近无图远。

借　景

构园无格，借景有因。切要四时，何关八宅。林皋延伫，相缘竹树萧森。城市喧卑，必择居邻闲逸。高原极望，远岫环屏。堂开淑气侵入，门引春流到泽。嫣红艳紫，欣逢花里神仙；乐圣称贤，足并山中宰相。《闲居》曾赋，"芳草"应怜；扫径护兰芽，分香幽室；卷帘邀燕子，闲剪轻风。片片飞花，丝丝眠柳；寒生料峭，高架秋千，兴适清偏，怡情丘壑。顿开尘外想，拟入画中行。林阴初出莺歌，山曲忽闻樵唱。风生林樾，境入羲皇。幽人即韵于松寮，逸士弹琴于篁里。红衣新浴，碧玉轻敲。看竹溪湾，观鱼濠上。山容蔼蔼，行云故落凭栏；水面粼粼，爽气觉来欹枕。南轩寄傲，北牖虚阴。半窗碧隐蕉桐；环堵翠延萝薜。俯流玩月；坐石品泉。苧衣不耐凉新，池荷香绾；梧叶忽惊秋落，虫草鸣幽。湖平无际之浮光，山媚可餐之秀色。寓目一行白鹭，醉颜几阵丹枫。眺远高台，搔首青天那可问；凭虚敞阁，举杯明月自相邀。冉冉天香，悠悠桂子。但觉篱残菊晚，应探岭暖梅先。少系杖头，招携邻曲，恍来林月美人，却卧雪庐高士。云幂黯黯，木叶萧萧。风鸦几树夕阳，寒雁数声残月。书窗梦醒，孤影遥吟；锦幛偎红，六花呈瑞。棹兴若过剡曲，扫烹果胜党家。冷韵堪赓，清名可并；花殊不谢，景摘偏新。因借无由，触情俱是。

夫借景，林园之最要者也。如远借、邻借、仰借、俯借、应时而借。然物情所逗，目寄心期，似意在笔先，庶几描写之尽哉。

长物志（节选）
文震亨

【题解】

全书共十二卷，分别为室庐、花木、水石、禽鱼、书画、几榻、器具、衣饰、舟车、位置、蔬果、香茗。每卷之首有概述，之尾有小结。中间有若干条目，分述该条目的优劣与否。为了解明代审美观点不可缺少之读物。

作者文震亨（1585—1645），明代雁门人。其曾祖父文徵明为著名画家，家学渊源，他本人也以书画闻名于世。文震亨见闻甚广，对于收藏、鉴赏等均有独到的见解。文震亨将其见解编撰成书，取名《长物志》，书名取自《世说新语》中王恭之语。今节选其卷一：室庐。

【原文】

室 庐

居山水间者为上，村居次之，郊居又次之。吾侪纵不能栖岩止谷，追绮园之踪，而混迹尘世，要须门庭雅洁，室庐清靓。亭台具旷士之怀，斋阁有幽人之致。又当种佳木怪箨，陈金石图书。令居之者忘老，寓之者忘归，游之者忘倦。蕴隆则讽然而寒，凛冽则煦然而燠。若徒侈土木，尚丹垩，真同桎梏樊槛而已。志室庐第一。

门

用木为格，以湘妃竹横斜钉之，或四或二，不可用六。两旁用板为春帖，必随意取唐联佳者刻于上。若用石捆，必须板扉。石用方厚浑朴，庶不涉俗。门环得古青绿蝴蝶兽面，或天鸡饕餮之属钉于上为佳。不则用紫铜或精铁如旧式铸成亦可，黄白铜俱不可用也。漆唯朱紫黑三色，余不可用。

阶

自三级以至十级，愈高愈古。须以文石剥成，种绣墩或草花数茎于内，枝叶纷披，映阶旁砌以太湖石叠成者，曰涩浪，其制更奇，然不易就。复室须内高于外，取顽石具苔斑者嵌之，方有岩阿之致。

窗

用木为粗格，中设细条三眼，眼方二寸，不可过大。窗下填板尺许。佛楼禅室，间用菱花及象眼者。窗忌用六，或二或三或四，随宜用之。室高，上可用横窗一扇，下用低槛承之。俱钉明瓦，或以纸糊，不可用绛素纱及梅花簟。冬月欲承日，制大眼风窗，眼径尺许，中以线经其上，庶纸不为风雪所破，其制亦雅，然仅可用之小斋丈室。漆用金漆，或朱黑二色。雕花采漆，俱不可用。

栏干

石栏最古，第近于琳宫梵宇及人家冢墓，傍池或可用，然不如用石莲柱二，木栏为雅。柱不可过高，亦不可雕鸟兽形。亭榭廊庑可用朱栏及鹅颈承坐，堂中须以巨木雕如石栏，而空其中。顶用柿顶朱饰，中用荷叶宝瓶。绿饰"卍"字者，宜闺阁中，不甚古雅，取画图中有可用者，以意成之可也。三横木最便，第太朴不可多用。更须每楹一扇，不可中竖一木分为二三。若斋中，则竟不必用矣。

照壁

得文木如豆瓣楠之类为之，华而复雅。不则竟用素染，或金漆亦可。青紫及洒金描画俱所最忌。亦不可用六。堂中可用一带。斋中则止中楹用之。有以夹纱窗或细格代之者，俱称俗品。

堂

堂之制宜宏敞精丽。前后须层轩广庭。廊庑俱可容一席，四壁用细砖砌者佳，不则竟用粉壁。梁用球门，高广相称。层阶俱以文石为之，小堂可不设窗槛。

山 斋

宜明净，不可太敞。明净可爽心神，太敞则费目力。或傍帘置窗槛，或由廊以入，俱随地所宜。中庭亦须稍广，可种花木，列盆景。夏日去北扉，前后洞空。庭际沃以饭瀋，雨渍苔生，绿褥可爱。绕砌可种翠芸草令遍，茂则青葱欲浮。前垣宜矮，有取薜荔根瘗墙下，洒鱼腥水于墙上以引蔓者，虽有幽致，然不如粉壁为佳。

丈 室

丈室宜隆冬寒夜，略仿北地暖房之制。中可置卧榻及禅椅之属。前庭须广，以承日色。留西窗以受斜阳，不必开北牖也。

佛 堂

筑基高五尺余，列级而上。前为小轩，及左右俱设欢门。后通三楹供佛。庭中以石子砌地，列幡幢之属。另建一门，后为小室，可置卧榻。

桥

广池巨浸，须用文石为桥。雕镂云物，极其精工，不可入俗。小溪曲涧，用石子砌者佳。四傍可种绣墩草。板桥须三折，一木为栏。忌平板作朱"卍"字栏，有以太湖石为之，亦俗。石桥忌三环。板桥忌四方磬折，尤忌桥上置亭子。

茶 寮

构一斗室相傍山斋，内设茶具，教一童专主茶役，以供长日清谈、寒宵兀坐。幽人首务，不可少废者。

琴 室

古人有于平屋中埋一缸，缸悬铜钟，以发琴声者。然不如层楼之下，盖上有板则声不散，下空旷则声透彻。或于乔木修竹、岩洞石室之下，地清境绝，更为雅称耳。

浴　室

前后二室，以墙隔之。前砌铁锅，后燃薪以俟。更须密室不为风寒所侵。近墙凿井，具辘轳，为窍引水以入，后为沟，引水以出。澡具巾帨，咸具其中。

街径庭除

驰道广庭，以武康石皮砌者最华整。花间岸侧，以石子砌成。或以碎瓦片斜砌者，雨久生苔，自然古色。宁必金钱作垾，乃称胜地哉。

楼　阁

楼阁作房闼者，须回环窈窕；供登眺者，须轩敞宏丽；藏书画者，须爽垲高深；此其大略也。楼作四面窗者，前楹用窗，后及两旁用板。阁作方样者，四面一式。楼前忌有露台卷棚。楼板忌用砖铺。盖既名楼阁，必有定式，若复铺砖，与平屋何异。高阁作三层者最俗。楼下柱稍高，上可设平顶。

台

筑台忌六角，随地大小为之。若筑于土岗之上，四周用粗木作朱栏，亦雅。

海　论

忌用承尘，俗所称天花板是也，此仅可用之廯宇中。地屏则间可用之。暖室不可加簟，或用氍毹为地衣亦可，然总不如细砖之雅。南方卑湿，空铺最宜，略多费耳。室忌五柱，忌有两厢。前后堂相承，忌工字体，亦以近官廯也，退居则间可用。忌旁无避弄。庭较屋东偏稍广，则西日不逼。忌长而狭。忌矮而宽。亭忌上锐下狭，忌小六角，忌用葫芦顶，忌以茆盖，忌如钟鼓及城楼式，楼梯须从后影壁上，忌置两旁，砖者作数曲更雅。临水亭榭，可用蓝绢为幔，以蔽日色；紫绢为帐，以蔽风雪。外此俱不可用，尤忌用布，以类酒船及市药设帐也。小室忌中隔，若有北窗者，则分为二室。忌纸糊，忌作雪洞，此与混堂无异，而俗子绝好之，俱不可解。忌为"卍"字窗旁填板，忌墙角画各色花鸟，古人最重题壁。今即使顾陆点染，钟王濡笔，俱不如素壁为佳。忌长廊一式，或更互其制，庶不入俗。忌竹木屏及竹篱之属，忌黄白铜为屈戌。庭际不可铺细方砖，为承露台则可。忌两楹而中置一梁，上设叉手笆，此皆旧制，而不甚雅。忌用板隔，隔必以砖。忌梁橡画罗纹及金方胜，如古屋岁久，木色已旧，未免绘饰，必须高手为之。凡入门处，必小委曲，忌太直。斋必三楹，旁更作一室，可置卧榻。面北小庭，不可太广，以北风甚厉也。忌中楹设栏楯。如今拔步床式。忌穴壁为橱。忌以瓦为墙，有作金钱梅花式者，此俱当付之一击。又鸱吻好望，其名最古。今所用者，不知何物，须如古式为之，不则亦仿画中室宇之制。檐瓦不可用粉刷。得巨枡桐擘为承溜最雅，否则用竹，不可用木及锡。忌有卷棚，此官府设以听两造者，于人家不知何用。忌用梅花簝，堂帘唯温州湘竹者佳。忌中有花如绣补。忌有字如寿山福海之类。总之，随方制象，各有所宜。宁古无时，宁朴无巧，宁俭无俗。至于萧疏雅洁，又本性生，非强作解事者所得轻议矣。

天工开物（节选）

宋应星

【题解】

　　《天工开物》为明代宋应星所撰，共三卷、十八篇，内容涉及农业及工业中的诸多方面，如冶炼业、铸造业、舟车制造业、酿酒制糖业、纺织业及兵工制造业，如实地反映了我国到明代末年科技工艺的发展水平。原书刻于崇祯十年（1637），在《授时通考》及《古今图书集成》中有摘录，未收入于《四库全书》中。1959年由中华书局影印出版。下面内容系节选自该书中卷的《陶埏第十一》中的《白瓷（附青瓷）》部分。

宋应星（1587—?），明代人，字长庚，奉新人。万历四十三年（1615）举人，曾任江西分宜教谕、福建长汀府推官、安徽亳州知州等职。崇祯十七年（1644）辞官回乡，卒于清顺治年间，著有《天工开物》。

【原文】

白 瓷（附：青瓷）

凡白土曰垩土，为陶家精美器用。中国出唯五六处，北则真定州、平凉华亭、太原平定、开封禹州，南则泉郡德化（土出永定，窑在德化）、徽郡婺源、祁门。（他处白土陶范不粘，或以扫壁为墁）德化窑唯以烧造瓷仙、精巧人物、玩器，不适实用。真、开等郡瓷窑所出，色或黄滞无宝光。合并数郡，不敌江西饶郡产。浙省处州丽水、龙泉两邑烧造过釉杯碗，青黑如漆，名曰处窑。宋、元时龙泉琉华山，下有章氏造窑，出款贵重，古董行所谓哥窑器者即此。

若夫中华四裔驰名猎取者，皆饶郡浮梁景德镇之产也。此镇从古及今为烧器地，然不产白土。土出婺源、祁门二山。一名高梁山，出粳米土，其性坚硬。一名开化山，出糯米土，其性粢软。两土和合，瓷器方成。其土做方块，小舟运至镇。造器者将两土等分入臼春一日，然后入缸水澄。其上浮者为细料，倾跌过一缸；其下沉底者为粗料。细料缸中再取上浮者，倾过为最细料，沉底者为中料。既澄之后，以砖砌长方塘，逼靠火窑，以借火力，倾所澄之泥于中吸干，然后重用清水调和造坯。

凡造瓷坯有两种。一曰印器，如方圆不等瓶、瓮、炉、盒之类，御器则有瓷屏风、烛台之类。先以黄泥塑成模印，或两破，或两截，抑或囫囵，然后埏白泥印成，以釉水涂合其缝，烧出时自圆成无隙，一曰圆器，凡大小亿万杯盘之类，乃生人日用必需，造者居十九，而印器居十一。造此器坯先制陶车。车竖直木一根，埋三尺入土内，使之安稳。上高二尺许，上下列圆盘，盘沿以短竹棍拨运旋转，盘顶正中用檀木刻成盔头帽其上。

凡造杯盘无有定形模式，以两手捧泥盔帽之上，旋盘使转。拇指剪

民国建筑雕塑史

去甲，按定泥底，就大指薄旋而上，即成一杯碗之形（初学者任从作废，破坏取泥再造）。功多业熟，即千万如出一范。凡盔帽上造小坯者，不必加泥，造中盘、大碗则增泥大其帽，使干燥而后受功。凡手指旋或坯后，覆转用盔帽一印，微晒留滋润，又一印，晒成极白干。入水一汶，漉上盔帽，过利刀二次（过刀时手脉微振，烧出即成雀口）。然后补整碎缺，就车上旋转打圈。圈后，或画或书字，画后喷水数口，然后过釉。

凡为碎器与千钟粟与褐色杯等，不用青料。欲为碎器，利刀过后，日晒极热，入清水一蘸而起，烧出自成裂纹。千钟粟则釉浆捷点，褐色［杯］则老茶叶煎水一抹也（古碎器，日本国极珍贵，真者不惜千金。古香炉碎器不知何代造，底有铁钉，其钉掩光色不锈）。

凡饶镇白瓷釉，用小港嘴泥浆和桃竹叶灰调成，似清泔汁（泉郡瓷仙用松毛水调泥浆）。处郡青瓷釉未详所出，盛于缸内。凡诸器过釉，先荡其内，外边用指一蘸涂弦，自然流遍。凡画碗青料总一味无名异（漆匠煎油，亦用以收火色）。此物不生深土，浮生地面。深者挖下三尺即止，各直省皆有之。亦辨认上料、中料、下料，用时先将炭火丛红煅过。上者出火成翠毛色，中者微青，下者近土褐。上者每斤煅出只得七两，中、下者以次缩减。如上品细料器及御器龙凤等，皆以上料画成。故其价每石值银二十四两，中者半之，下者则十之三而已。

凡饶镇所用，以衢、信两郡山中者为上料，名曰浙料。上高诸邑者为中，丰城诸处者为下也。凡使料煅过之后，以乳钵极研（其钵底留粗，不转釉），然后调画水。调研时色如皂，入火则成青碧色。凡将碎器为紫霞色杯者，用胭脂打湿，将铁线纽一兜络，盛碎器其中，炭火炙热，然后以湿胭脂一抹即成。凡宣红器乃烧成之后出火，另施工巧微炙而成者，非世上朱砂能留红质于火内也（宣红元末已失传，正德中历试复造出）。

凡瓷器经画过釉之后，装入匣钵（装时手拿微重，后日烧出即成凹口，不复周正）。钵以粗泥造，其中一泥饼托一器，底空处以沙实之。大器一匣装一个，小器十余，共一匣钵。钵佳者装烧十余度，劣者一两次即坏。凡匣钵装器入窑，然后举火。其窑上空十二圆眼，名曰天窗。

火以十二时辰为足。先发门火十个时，火力从下攻上。然后天窗掷柴烧两时，火力从上透下。器在火中，其软如棉絮。以铁叉取一以验火候之足。辨认真足，然后绝薪止火，共计一杯工力，过手七十二方克成器，其中微细节目尚不能尽也。

附：窑变、回青。正德中，内使监造御器。时宣红失传不成，身家俱丧。一人跃入自焚，托梦他人造出，竟传窑变，好异者遂妄传烧出鹿、象诸异物也。又回青乃西域大青，美者亦名佛头青。上料无名异出火似之，非大青能入洪炉存本色也。

闲情偶寄·居室部

李 渔

【题解】

《闲情偶寄》包括词曲、演习、声容、居室、器玩、饮馔、种植、颐养八部分。其中的《居室部》，是我国古代继计成的《园冶》之后又一部关于园林建筑艺术的重要论著。由于作者博学多才，且有营造园林的丰富经验，所以在谈到园林建筑艺术时，既有对具体的做法和图像的介绍，也有系统的理论阐释，表现了崇尚自然、追求意境的传统的园林美学思想，对后人有很大影响，至今仍不失其价值。作者也因此被誉为我国造园理论、造园技术的伟大学者。

李渔（1611—约1679），清代著名的戏曲理论家、文学家、画家、音乐家、出版家、园林建筑家。字笠鸿、谪凡，号笠翁，浙江兰溪人。著有《闲情偶寄》《笠翁十种曲》《十二楼》等。

【原文】

房舍第一

人之不能无屋，犹体之不能无衣。衣贵夏凉冬燠，房舍亦然。堂高数仞，榱题数尺，壮则壮矣，然宜于夏而不宜于冬。登贵人之堂，令人不寒而栗，虽势使之然，亦寥廓有以致之。我有重裘，而彼难挟纩故也。及肩之墙，容膝之屋，俭则俭矣，然适于主而不适于宾。造寒士之庐，使人无忧而叹，虽气感之耳，亦境地有以迫之。此耐萧疏，而彼憎岑寂故也。吾愿显者之居，勿太高广。夫房舍与人，欲其相称。画山水者有诀云："丈山尺树，寸马豆人。"使一丈之山，缀以二尺三尺之树；一寸之马，跨以似米似粟之人，称乎？不称乎？使显者之躯，能如汤文之九尺十尺，则高数仞为宜，不则堂愈高而人愈觉其矮；地愈宽而体愈形其瘠，何如略小其堂，而宽大其身之为得乎？处士之庐，难免卑隘。然卑者不能耸之使高，隘者不能扩之使广，而污秽者、充塞者则能去之使净，净则卑者高而隘者广矣。吾贫贱一生，播迁流离，不一其处，虽债而食，赁而居，总未尝稍污其座。性嗜花竹，而购之无资，则必令妻孥忍饥数日，或耐寒一冬，省口体之奉，以娱耳目，人则笑之，而我怡然自得也。性又不喜雷同，好为矫异，常谓人之葺居治宅，与读书作文同一致也。譬如治举业者，高则自出手眼，创为新异之篇；其极卑者，亦将读熟之文移头换尾，损益字句而后出之，从未有抄写全篇，而自名善用者也。乃至兴造一事，则必肖人之堂以为堂，窥人之户以立户，稍有不合，不以为得，而反以为耻。常见通侯贵戚，掷盈千累万之资以治园圃，必先谕大匠曰：亭则法某人之制；榭则遵谁氏之规，勿使稍异。而操运斤之权者，至大厦告成，必骄语居功，谓其立户开窗，安廊置阁，事事皆仿名园，纤毫不谬。噫！陋矣。以构造园亭之盛事，上之不能自出手眼；如标新创异之文人，下之至不能换尾移头；学套腐为新之庸笔，尚嚣嚣以鸣得意，何其自处之卑哉？予尝谓人曰：生平有两绝技，自不能用，而人亦不能用之，殊可惜也。人问绝技维何？予曰：一则辨审音乐，一则置造园亭。性嗜填词，每多撰著，海内共见之矣。设处得为之地，自选优伶，使歌自撰之词曲，口授而躬试之，无论新裁之曲，可使迥异时腔，即旧日传奇，一概删其腐习而益以新格，为往时作者别开生面，此一技也。一则创造园亭，因地制宜，不拘成见，一榱一桷，必令出自己裁，使经其地入其室者，如读湖上笠翁之书，虽乏高才，颇饶别致，岂非圣明之世，文物之邦，一点缀太平之具哉？噫！吾老矣，不足用也，请以崖略付之简篇，供嗜痂者采择。收其一得，如对笠翁，则斯编实为神交之助尔。

土木之事，最忌奢靡。匪特庶民之家，当崇俭朴，即王公大人，亦当以此为尚。盖居室之制贵精不贵丽，贵新奇大雅，不贵纤巧烂漫。凡人止好富丽者，非好富丽，因其不能创异标新，舍富丽无所见长，只得以此塞责。譬如人有新衣二件，试令两人服之，一则雅素而新奇，一则辉煌而平易，观者之目，注在平易乎？在新奇乎？锦绣绮罗，谁不知贵，亦谁不见？缟衣素裳，其制略新，则为众目所射，以其未尝睹也。凡予所言，皆属价廉工省之事，即有所费，亦不及雕镂粉藻之百一。且古语云："耕当问奴，织当访婢。"予贫士也，仅识寒酸之事。欲示富贵，而以绮丽胜人，则有从前之旧制在。

　　新制人所未见，即缕缕言之，亦难尽晓，势必绘图作样。然有图所能绘，有不能绘者。不能绘者十之九，能绘者不过十之一。因其有而会其无，是在解人善悟耳。

向　背

　　屋以面南为正向。然不可必得，则面北者宜虚其后，以受南薰；面东者虚右，面西者虚左，亦犹是也。如东西北皆无余地，则开窗借天以补之。牖之大者，可抵小门二扇；穴之高者，可敌低窗二扇，不可不知也。

途　径

　　径莫便于捷，而又莫妙于迂。凡有故作迂途，以取别致者，必另开耳门一扇，以便家人之奔走，急则开之，缓则闭之。斯雅俗俱利，而理致兼收矣。

高　下

　　房舍忌似平原，须有高下之势，不独园圃为然，居宅亦应如是。前卑后高，理之常也；然地不如是，而强欲如是，亦病其拘。总有因地制宜之法：高者造屋，卑者建楼，一法也；卑处叠石为山，高处浚水为池，二法也。又有因其高而愈高之，竖阁磊峰于峻坡之上；因其卑而愈卑之，穿塘凿井于下湿之区。总无一定之法，神而明之，存乎其人，此非可以遥授方略者矣。

出檐深浅

居宅无论精粗，总以能避风雨为贵。常有画栋雕梁，琼楼玉栏，而止可娱晴，不堪坐雨者，非失之太敞，则病于过峻。故柱不宜长，长为招雨之媒；窗不宜多，多为匿风之薮。务使虚实相半，长短得宜。又有贫士之家，房舍宽而余地少，欲作深檐以障风雨，则苦于暗；欲置长牖以受光明，则虑在阴。剂其两难，则有添置活檐一法。何为活檐？法于瓦檐之下，另设板棚一扇，置转轴于两头，可撑可下。晴则反撑，使正面向下，以当檐外顶格；雨则正撑，使正面向上，以承檐溜。是我能用天，而天不能窘我矣！

置顶格

精室不见椽瓦，或以板覆，或用纸糊，以掩屋上之丑态，名为"顶格"，天下皆然。予独怪其法制未善。何也？常因屋高檐矮，意欲取平，遂抑高者就下，顶格一概齐檐，使高敞有用之区，委之不见不闻，以为鼠窟，良可慨也。亦有不忍弃此，竟以顶板贴椽，仍作屋形，高其中而卑其前后者，又不美观，而病其呆笨。予为新制，以顶格为斗笠之形，可方可圆，四面皆下，而独高其中。且无多费，仍是平格之板料，但令工匠画定尺寸，旋而去之。如作圆形，则中间旋下一段是弃物矣，即用弃物作顶，升之于上，止增周围一段竖板，长仅尺许，少者一层，多则二层，随人所好，方者亦然。造成之后，若糊以纸，又可于竖板之上裱贴字画。圆者类手卷，方者类册叶，简而文，新而妥，以质高明，必当取其有神。方者可用竖板作门，时开时闭，则当壁橱四张，纳无限器物于中，而不之觉也。

墁　地

古人茅茨土阶，虽崇俭朴，亦以法制未尽备也。唯幕天者可以席地，梁栋既设，即有阶除，与戴冠者不可跣足，同一理也。且土不覆砖，尝苦其湿，又易生尘。有用板作地者，又病其步履有声，喧而不寂。以三合土甃地，筑之极坚，使完好如石，最为丰俭得宜。而又有不便于人者，若和灰和土不用盐卤，则燥而易裂。用之发潮，又不利于天阴。且砖可挪移，而甃成之土不可挪移，日后改迁，遂成弃物，是又不宜用也。不若仍用砖铺，止在磨与不磨之间，别其丰俭。有力者磨之使光，无力者听其自糙。予谓极糙之砖，犹愈于极光之土。但能自运机杼，使小者间大，方者合圆，别成文理，或作冰裂，或肖龟纹，收牛溲马勃入药笼，用之得宜，其价值反在参苓之上。此种调度，言之易而行之甚难，仅存其说而已。

洒　扫

精美之房，宜勤洒扫。然洒扫中亦具大段学问，非僮仆所能知也。欲去浮尘，先用水洒，此古人传示之法，今世行之者，十中不得一二。盖因童子性懒，虑有汲水之烦，止扫不洒，是以两事并为一事，惜其力也。久之习为固然，非特童子忘之，并主人亦不知扫地之先，更有一事矣。彼但知两者并一是省事法，殊不知因其懒也，遂以一事化为数十事。服役者既以为苦，而指使者亦觉其繁，然总不知此数十事者，皆从一事苟简而生之者也。精舍之内，自明窗净几而外，尚有图书翰墨、古董器玩之种种，无一不忌浮尘。不洒而扫，是以红尘掺物，物物皆受其蒙，并栋梁之上、椽桷之间亦生障翳，势必逐件擦磨，始现本来面目。手不停挥者，半日才能竣事，不亦劳乎？若能先洒后扫，则扫过之后，只顾尘尾一拂，一日清晨之事毕矣，何指使服役之纷纷哉？此洒水之不容已也。然勤扫不如勤洒，人则知之；多洒不如轻扫，人则未知之也。饶其善洒，不能处处皆遍，究竟干地居多，服役者不知，以其既经洒湿，则任意挥扫无妨。扬尘舞蹈之际，障翳之生也更多，故运帚切记勿重。匪特勿重，每于歇手之际，必使帚尾着地，勿令悬空，如扫一帚起一帚，则与挥扇无异，是扬灰使起，非抑尘使伏也。此是一法。又有闭门扫地之诀，不可不知。如人先扫房舍，后及阶除，则将房舍之门紧闭。俟扫完阶除后，略停片刻，然后开门，始无灰尘入户之患。臧获不知，以为房舍扫完，其事毕矣，此后渐及门外，与内绝不相蒙，岂知有顾此失彼之患哉！顺风扬灰，一帚可当十帚，较之未扫更甚。此皆世人所忽，故拈出告之，然未免饶舌。

洒扫二事，势必相因，缺一不可，然亦有时以孤行为妙，是又不可不知。先洒后扫，言其常也。若旦旦如是，则土胶于水，积而不去，日厚一日，砖、板受其虚名，而有土阶之实矣。故洒过数日，必留一日勿洒，止令童子轻轻用帚，不致扬尘，是数日所积者一朝去之。则水土交相为用，而不交相为害矣。

藏垢纳污

欲营精洁之房，先设藏垢纳污之地。何也？爱精喜洁之士，一物不整齐，即如目中生刺，势必去之而后已。然一人之身，百工之所为备，能保物物皆精乎？且如文人之手，刻不停批；绣女之躬，时难罢刺。唾绒满地，金屋为之不光；残稿盈庭，精舍因而欠好。是极韵之物，尚能使人不韵，况其他乎？故必于精舍左右，另设小屋一间，有如复道，俗名套房是也。凡有败笺弃纸、垢砚秃毫之类，卒急不能料理者，姑置其间，以俟暇时检点。妇人之闺阁亦然，残脂剩粉无日无之，净之将不胜其净也。此房无论大小，但期必备。如贫家不能办此，则以箱笼代之，案旁榻后皆可置。先有容拙之地，而后能施其巧，此藏垢之不容已也。至于纳污之区，更不可少。凡人有饮即有溺，有食即有便。如厕之时尚少，可于溷厕之外，不必另筹去路。至于溺之为数，一日不知凡几。若不择地而遗，则净土皆成粪壤，如或避洁就污，则往来仆仆，是率天下而路也。此为寻常好洁者言之。若夫文人运腕，每至得意疾书之际，机锋一转，则断不可续。然而寝食可废，便溺不可废也。"官急不如私急"，俗不云乎？常有得句将书，而阻于溺，及溺后觅之，杳不可得者，予往往验之，故营此最急。当于书室之旁，穴墙为孔，嵌以小竹，使遗在内而流于外，秽气罔闻，有若未尝溺者，无论阴晴寒暑，可以不出户庭。此予自为计者，而亦举以示人，其无隐讳可知也。

窗栏第二

吾观今世之人，能变古法为今制者，其唯窗栏二事乎？窗栏之制，日新月异，皆从成法中变出。"腐草为萤"，实具至理，如此则造物生人，不枉付心胸一片。但造房建宅，与置立窗轩同是一理，明于此而暗于彼，何其有聪明而不善扩乎？予往往自制窗栏之格，口授工匠使为之，以为极新极异矣。而偶至一处，见其已设者，先得我心之同然，因自笑为辽东白豕。独房舍之制不然，求为同心甚少。门窗二物，新制既多，予不复赘，恐又蹈白豕辙也。唯约略言之，以补时人之偶缺。

制体宜坚

窗棂以明透为先，栏杆以玲珑为主，然此皆属第二义。具首重者，止在一字之坚，坚而后论工拙。尝有穷工极巧以求尽善，乃不逾时而失头堕趾，反类画虎未成者，计其新而不计其旧也。总其大纲，则有二语：宜简不宜繁，宜自然不宜雕斫。凡事物之理，简斯可继，繁则难久；顺其性者必坚，戕其体者易坏。木之为器，凡合笋使就者，皆顺其性以为之者也；雕刻使成者，皆戕其体而为之者也；一涉雕镂，则腐朽可立待矣。故窗棂栏杆之制，务使头头有笋、眼眼着撒。然头眼过密，笋撒太多，又与雕镂无异，仍是戕其体也，故又宜简不宜繁。根数愈少愈佳，少则可坚；眼数愈密愈贵，密则纸不易碎。然既少矣，又安能密？曰：此在制度之善，非可以笔舌争也。窗栏之体，不出纵横、欹斜、屈曲三项，请以萧斋制就者，各图一则以例之。

纵横格

是格也，根数不多，而眼亦未尝不密，是所谓头头有笋，眼眼着撒者，雅莫雅于此，坚亦莫坚于此矣。是从陈腐中变出，由此推之，则旧式可化为新者，不知凡几。但敢其简者、坚者、自然者变之，事事以雕镂为戒，则人工渐去，而天巧自呈矣。

欹斜格（系栏）

此格甚佳，为人意想所不到，因其平而有笋者，可以着实；尖而无笋者，没处生根故也。然赖有躲闪法，能令外似悬空，内偏着实，止须善藏其拙耳。当于尖木之后，另设坚固薄板一条，托于其后，上下投笋，而以尖木钉于其上，前看则无，后观则有。其能幻有为无者，全在油漆时善于着色，如栏杆之本体用朱，则所托之板另用他色。他色亦不

民国建筑雕塑史

纵横格

欹斜格

得泛用，当以屋内墙壁之色为色。如墙系白粉，此板亦作粉色；壁系青砖，此板亦肖砖色。自外观之，止见朱色之纹，而与墙壁相同者，混然一色，无所辨矣。至栏杆之内向者，又必另为一色，勿与外同，或青或蓝，无所不可。而薄板向内之色，则当与之相合。自内观之，又别成一种，文理较外尤可观也。

屈曲体（系栏）

此格最坚，而又省费，名桃花浪，又名浪里梅。曲木另造，花另造，俟曲木入柱投笋后，始以花塞空处，上下着钉，借此联络，虽有大力者挠之，不能动矣。花之内外，宜作两种：一作桃，一作梅，所云桃花浪、浪里梅是也。浪色亦忌雷同，或蓝或绿，否则同是一色，而以深浅别之，使人一转足之间，景色判然。是以一物幻为二物，又未尝于平等材料之外，另费一钱。凡予所为，强半皆若是也。

| 屈曲体 |

取景在借

开窗莫妙于借景，而借景之法，予能得其三昧。向犹私之，乃今嗜痂者众，将来必多依样葫芦，不若公之海内，使物物尽效其灵，人人均有其乐。但期于得意酣歌之顷，高叫笠翁数声，使梦魂得以相傍，是人乐而我亦与焉，为愿足矣！向居西子湖滨，欲购湖舫一只，事事犹人，不求稍异，止以窗格异之。人询其法，予曰：四面皆实，犹虚其中，而为便面之形。实者用板，蒙以灰布，勿露一隙之光；虚者用木作匡，上下皆曲而直其两旁，所谓便面是也。纯露空明，勿使有纤毫障翳。是船之左右，止有二便面，便面之外，无他物矣。坐于其中，则两岸之湖光山色，寺观浮屠，云烟竹树，以及往来之樵人牧竖、醉翁游女，连人带马，尽入便面之中，作我天然图画。且又时时变幻，不为一定之形，非特舟行之际，摇一橹变一象，撑一篙换一景；即系缆时，风摇水动，亦刻刻异形。是一日之内，现出百千万幅佳山佳水，总以便面收之。而便面之制，又绝无多费，不过曲木两条，直木两条而已。世有掷尽金钱，求为新异者，其能新异若此乎？此窗不但娱己，兼可娱人；不特以舟外无穷之景色摄入舟中，兼可以舟中所有之人物，并一切几席杯盘射出窗外，以备来往游人之玩赏。何也？以内视外，固是一幅便面山水；而从外视内，亦是一幅扇头人物。譬如拉妓邀僧，呼朋聚友，与之弹棋观画，分韵拈毫，或饮或歌，任眠任起，自外观之，无一不同绘事。同一物也，同一事也，此窗未设以前，仅作事物观；一有此窗，则不烦指点，人人俱作画图观矣。

夫扇面非异物也，肖扇面为窗，又非难事也。世人取象乎物，而为门为窗者，不知凡几，独留此眼前共见之物，弃而弗取，以待笠翁，讵非咄咄怪事乎？所恨有心无力，不能办此一舟，竟成欠事。兹且移居白门，为西子湖之薄幸人矣。此愿茫茫，其何能遂？不得已而小用其机，置此窗于楼头，以窥钟山气色，然非创始之心，仅存其制而已。予又尝作观山虚牖，名尺幅窗，又名无心画，姑妄言之。浮白轩中，后有小山一座，高不逾丈，宽止及寻，而其中则有丹崖碧水，茂林修竹，鸣禽响瀑，茅屋板桥，凡山居所有之物，无一不备。盖因善塑者肖予一像，神气宛然，又因予号笠翁，顾名思义，而为把钓之形；予思既执纶竿，必当坐之矶上，有石不可无水，有水不可无山；有山有水，不可无笠翁息钓归休之地，遂营此窟以居之。是此山原为像设，初无意于为窗也。后见其物小而蕴大，有"须弥芥子"之义，尽日坐观，不忍阖牖。乃瞿然曰：是山也，而可以作画；是画也，而可以为窗。不过损予一日杖头钱，为装潢之具耳。遂命童子裁纸数幅，以为画之头尾，及左右镶边。头尾贴于窗之上下，镶边贴于两旁，俨然堂画一幅，而但虚其中。非虚其中，欲以屋后之山代之也。坐而观之，则窗非窗也，画也；山非屋后之山，即画上之山也。不觉狂笑失声，妻孥群至，又复笑予所笑。而无心画、尺幅窗之制，从此始矣。予又尝取枯木数茎，置作天然之牖，名曰梅窗。生平制作之佳，当以此为第一。己酉之夏，骤涨滔天，久而不涸，斋头淹死榴、橙各一株，伐而为薪，因其坚也，刀斧难入，卧于阶除者累日。予见其枝柯盘曲，有似古梅，而老干又具盘错之势，似可取而为器者，因筹所以用之。是时栖云谷中幽而不明，正思辟牖，乃幡然曰：道在是矣！遂语工师，取老干之近直者，顺其本来，不加斧凿，为窗之上下两旁，是窗之外廓具矣。再取枝柯之一面盘曲、一面稍平者，分作梅树两株，一从上生而倒垂；一从下生而仰接。其稍平之一面则略施斧斤，去其皮节而向外，以便糊纸；其盘曲之一面，则匪特尽全其天，不稍戕斫，并疏枝细梗而留。既成之后，剪彩作花，分红梅、绿萼二种，缀于疏枝细梗之上，俨然活梅之初着花者。同人见之，无不叫绝。予之心思，讫于此矣。后有所作，当亦不过是矣！

便面不得于舟，而用于房舍，是屈事矣。然有移天换日之法在，亦可变昨为今，化板成活，俾耳目之前，刻刻似有生机飞舞，是亦未尝不妙，止废我一番筹度耳。予性最癖，不喜盆内之花，笼中之鸟，缸内之鱼，及案上有座之石，以其局促不舒，令人作囚鸾絷凤之想。故盆花自幽兰、水仙而外，未尝寓目；鸟中之画眉，性酷嗜之，然必另出己意而为笼，不同旧制，务使不见拘囚之迹而后已。自设便面以后，则生平所弃之物，尽在所取。从来作便面者，凡山水人物，竹石花鸟，以及昆虫，无一不在所绘之内。故设此窗于屋内，必先于墙外置板，以备成物之用。一切盆花笼鸟，蟠松怪石，皆可更换置之。如盆兰吐花，移之窗外，即是一幅便面幽兰；盎菊舒英，内之牖中，即是一幅扇头佳菊。或数日一更，或一日一更；即一日数更，亦未尝不可。但须遮蔽下段，勿露盆盎之形。而遮蔽之物，则莫妙于零星碎石。是此窗家家可用，人人可办，讵非耳目之前第一乐事？得意酣歌之顷，可忘作始之李笠翁乎？

湖舫式

此湖舫式也。不独西湖，凡居名胜之地，皆可用之。但便面止可观山临水，不能障雨蔽风，是又宜筹退步，以补前说之不逮。退步云何？外设推板，可开可阖，此易为之事也。但纯用推板，则幽而不明；纯用明窗，又与扇面之制不合，须以板内嵌窗之法处之。其法维何？曰：即

▍湖舫式▍

仿梅窗之制，以制窗楞。亦备其式于右。

便面窗外推板装花式

四围用板者，既取其坚，又省制楞装花人工之半也。中作花树者，不失扇头图画之本色也。用直楞间于其中者，无此则花树无所倚靠，即勉强为之，亦浮脆而难久也。楞不取直而作敧斜之势，又使上宽下窄者，欲肖扇面之折纹。且小者可以独扇，大则必分双扇，其中间合缝处，糊纱糊纸，无直木以界之，则纱与纸无所依附故也。若是则楞与花树纵横相杂，不几泾渭难分，而求工反拙乎？曰：不然。有两法盖藏，勿虑也。花树粗细不一，其势莫妙于参差，楞则极匀而又贵乎极细，须以极坚之木为之，一法也；油漆并着色之时，楞用白粉，与糊窗之纱纸同色，而花树则绘五彩，俨然活树生花，又一法也。若是泾渭自分，而便面与花，判然有别矣。梅花止备一种，此外或花或鸟，但取简便者为之，勿拘一格。唯山水人物，必不可用。□板与花楞俱另制，制就花楞，而后以板镶之；即花与楞，亦难合造，须使花自花而楞自楞，先分后合。其连接处，各损少许以就之，或以钉钉，或以胶粘，务期可久。

便面窗外推板装花式

便面窗花卉式、便面窗虫鸟式

诸式止备其概，余可类推。然此皆为窗外无景，求天然者不得，故以人力补之。若远近风景尽有可观，则焉用此碌碌为哉？昔人云："会心处正不在远。"若能实具一段闲情，一双慧眼，则过目之物，尽在画图；入耳之声，无非诗料。譬如我坐窗内，人行窗外，无论见少年女子是一幅美人图，即见老妪、白叟扶杖而来，亦是名人画图中必不可无之物。见婴儿群戏是一幅百子图；即见牛羊并牧、鸡犬交哗，亦是词客文情内未尝偶缺之资。"牛溲马勃，尽入药笼。"予所制便面窗，即雅人韵士之药笼也。

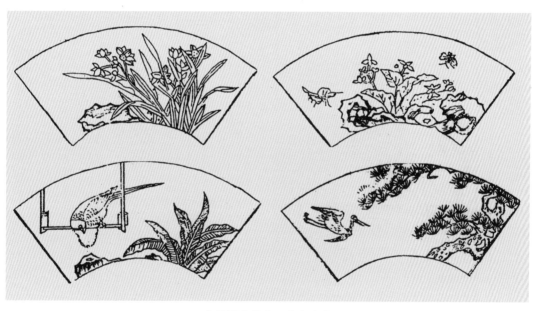

| 便面窗花卉及虫鸟式 |

此窗若另制纱窗一扇，绘以灯色花鸟，至夜篝灯于内，自外视之，又是一盏扇面灯。即日间自内视之，光彩相照，亦与观灯无异也。

山水图窗

凡置此窗之屋，进步宜深，使坐客观山之地去窗稍远，则窗之外廓为画，画之内廓为山。山与画连，无分彼此，见者不问而知为天然之画矣。浅促之屋，坐在窗边，势必依窗为栏，身之大半出于窗外，但见山而不见画，则作者深心，有时埋没，非尽善之制也。

尺幅窗图式

尺幅窗图式，最难摹写。写来非似真画，即似真山，非画上之山与山中之画也。前式虽工，虑观者终难了悟，兹再绘一纸，以作副墨。且此窗虽多开少闭，然亦间有闭时。闭时用他槅他棂，则与画意不合，丑态出矣。必须照式大小，作木槅一扇，以名画一幅裱之，嵌入窗中。又是一幅真画，并非"无心画"与"尺幅窗"矣。但观此式，自能了然。

裱槅如裱回屏，托以麻布及厚纸，薄则明而有光，不成画矣。

| 山水图窗 |

| 尺幅窗图式 |

梅窗

制此之法，总论已备之矣。其略而不详者，止有取老干作外廓一事。外廓者，窗之四面，即上下两旁是也。若以整木为之，则向内者古朴可爱；而向外一面，屈曲不平，以之着墙，势难贴伏。必取整木一段，分中锯开，以有锯路者着墙，天然未斫者向内，则天巧人工，俱有所用之矣。

┃梅 窗┃

墙壁第三

"峻宇雕墙""家徒壁立"，昔人贫富，皆于墙壁间辨之。故富人润屋，贫士结庐，皆自墙壁始。墙壁者，内外攸分，而人我相半者也。俗云："一家筑墙，两家好看。"居室器物之有公道者，唯墙壁一种，其余一切，皆为我之学也。然国之宜固者城池，城池固而国始固；家之宜坚者墙壁，墙壁坚而家始坚。其实为人即是为己，人能以治墙壁之一念治其身心，则无往而不利矣。人笑予止务闲情，不喜谈禅讲学，故偶为是说以解嘲，未审有当于理学名贤及善知识否也。

界 墙

界墙者，人我公私之畛域，家之外廓是也。莫妙于乱石垒成，不限大小方圆之定格，垒之者人工，而石则造物生成之本质也。其次则为石子。石子亦系生成，而次于乱石者，以其有圆无方，似执一见，虽属天工，而近于人力故耳。然论二物之坚固，亦复有差；若去美人入画，则彼此兼擅其长矣。此唯傍山邻水之处得以有之，陆地平原，知其美而不能致也。予见一老僧建寺，就石工斧凿之余，收取零星碎石几及千担，垒成一壁，高广皆过十仞。嶙峋崭绝，光怪陆离，大有峭壁悬崖之致。此僧诚韵人也。迄今三十余年，此壁犹时时入梦，其系人思念可知。砖砌之墙，乃八方公器，其理其法，是人皆知，可以置而弗道。至于泥墙土壁，贫富皆宜，极有萧疏雅淡之致，唯怪其跟脚过肥，收顶太窄，有似尖山；又且或进或出，不能如砖墙一截而齐，此皆主人监督之不善也。若以砌砖墙挂线之法，先定高低出入之痕，以他物建标于外，然后以筑板因之，则有旐墙粉堵之风，而无败壁颓垣之象矣。

女　墙

《古今注》云："女墙者，城上小墙。一名睥睨，言于城上窥人也。"予以私意释之，此名甚美，似不必定指城垣，凡户以内之及肩小墙，皆可以此名之。盖女者，妇人未嫁之称，不过言其纤小。若定指城上小墙，则登城御敌，岂妇人女子之事哉？至于墙上嵌花或露孔，使内外得以相视，如近时园圃所筑者，益可名为女墙，盖仿睥睨之制而成者也。其法穷奇极巧，如《园冶》所载诸式，殆无遗义矣。但须择其至稳极固者为之，不则一砖偶动，则全壁皆倾。往来负荷者，保无一时误触之患乎？坏墙不足惜，伤人实可虑也。予谓自顶及脚皆砌花纹，不唯极险，亦且大费人工。其所以洞彻内外者，不过使代琉璃屏，欲人窥见室家之好耳。止于人眼所瞩之处空二三尺，使作奇巧花纹，其高乎此及卑乎此者，仍照常实砌，则为费不多，而又永无误触致崩之患。此丰俭得宜，有利无害之法也。

厅　壁

厅壁不宜太素，亦忌太华。名人尺幅，自不可少，但须浓淡得宜，错综有致。予谓裱轴不如实贴。轴虑风起动摇，损伤名迹；实贴则无是患，且觉大小咸宜也。实贴又不如实画。"何年顾虎头，满壁画沧州。"

自是高人韵事。予斋头偶仿此制，而又变幻其形，良朋至止，无不耳目一新，低回留之不能去者。因予性嗜禽鸟，而又最恶樊笼，二事难全，终年搜索枯肠，一悟遂成良法。乃于厅旁四壁，倩四名手，尽写着色花树，而绕以云烟，即以所爱禽鸟，蓄于虬枝老干之上。画止空迹，鸟有实形，如何可蓄？曰：不难，蓄之须自鹦鹉始。从来蓄鹦鹉者必用铜架，即以铜架去其三面，止存立脚之一条，并饮水啄粟之二管。先于所画松枝之上，穴一小小壁孔，后以架鹦鹉者插入其中。务使极固，庶往来跳跃，不致动摇。松为着色之松，鸟亦有色之鸟，互相映发，有如一笔写成。良朋至止，仰观壁画，忽见枝头鸟动，叶底翎张，无不色变神飞，诧为仙笔。乃惊疑未定，又复载飞载鸣，似欲翱翔而下矣。谛观熟视，方知个里情形，有不抵掌叫绝，而称巧夺天工者乎！若四壁尽蓄鹦鹉，又忌雷同，势必间以他鸟。鸟之善鸣者，推画眉第一。然鹦鹉之笼可去，画眉之笼不可去也，将奈之何？予又有一法：取树枝之拳曲似龙者，截取一段，密者听其自如，疏者网以铁线，不使太疏，亦不使太密，总以不致飞脱为主。蓄画眉于中，插之亦如前法。此声方歇，彼喙复开；翠羽初收，丹睛复转。因禽鸟之善鸣善啄，觉花树之亦动亦摇；流水不鸣而似鸣，高山是寂而非寂。坐客别去者，皆作殷浩书空，谓咄咄怪事，无有过此者矣。

书房壁

　　书房之壁，最宜潇洒。欲其潇洒，切忌油漆。油漆二物，俗物也，前人不得已而用之，非好为是沾沾者。门户窗棂之必须油漆，蔽风雨也；厅柱榱楹之必须油漆，防点污也。若夫书室之内，人迹罕至，阴雨弗浸，无此二患而亦蹈此辙，是无刻不在桐腥漆气之中，何不并漆其身而为厉乎？石灰垩壁，磨使极光，上着也；其次则用纸糊，纸糊可使屋柱窗楹共为一色。即壁用灰垩，柱上亦须纸糊，纸色与灰，相去不远耳。壁间书画自不可少，然粘贴太繁，不留余地，亦是文人俗态。天下万物，以少为贵。步障非不佳，所贵在偶尔一见，若王恺之四十里，石崇之五十里，则是一日中哄市、锦绣罗列之肆廛而已矣。看到繁缛处，有不生厌倦者哉？昔僧元览往荆州陟屺寺，张璪画古松于斋壁，符载赞之，卫象诗之，亦一时三绝。览悉加垩焉。人问其故，览曰："无事疥吾壁也。"诚高僧之言，然未免太甚。若近时斋壁，长笺短幅，尽贴无遗，似冲繁道上之旅肆，往来过客无不留题，所少者只有一笔。一笔维何？"某年月日某人同某在此一乐"是也。此真疥壁，吾请以元览之药药之。

糊壁用纸，到处皆然，不过满房一色，白而已矣。予怪其物而不化，窃欲新之；新之不已，又以薄蹄变为陶冶，幽斋化为窑器，虽居室内，如在壶中，又一新人观听之事也。先以酱色纸一层糊壁作底，后用豆绿云母笺，随手裂作零星小块，或方或扁，或短或长，或三角或四五角，但勿使圆，随手贴于酱色纸上。每缝一条，必露出酱色纸一线，务令大小错杂，斜正参差。则贴成之后，满房皆冰裂碎纹，有如哥窑美器。其块之大者，亦可题诗作画，置于零星小块之间，有如铭钟勒卣，盘上作铭，无一不成韵事。问予所费几何，不过于寻常纸价之外，多一二剪合之工而已。同一费钱，而有庸腐新奇之别，止在稍用其心。"心之官则思。"如其不思，则焉用此心为哉？

糊纸之壁，切忌用板。板干则裂，板裂而纸碎矣。用木条纵横作楄，如围屏之骨子然。前人制物备用，皆经屡试而后得之，屏不用板而用木楄，即是故也。即如糊刷用棕，不用他物，其法亦经屡试。舍此而另换一物，则纸与糊两不相能，非厚薄之不均，即刚柔之太过，是天生此物以备此用，非人不能取而予之。人智巧莫巧于古人，孰知古人于此亦大费辛勤，皆学而知之，非生而知之者也。

壁间留隙地，可以代橱。此仿伏生藏书于壁之义，大有古风，但所用有不合于古者。此地可置他物，独不可藏书，以砖土性湿，容易发潮，潮则生蠹，且防朽烂故也。然则古人藏书于壁，殆虚语乎？曰：不然。东南西北，地气不同，此法止宜于西北，不宜于东南。西北地高而风烈，有穴地数丈而始得泉者，湿从水出，水既不得，湿从何来？即使有极潮之地，而加以极烈之风，未有不返湿为燥者。故壁间藏书，唯燕、赵、秦、晋则可，此外皆应避之。即藏他物，亦宜时开时阖，使受风吹；久闭不开，亦有霉湿生虫之患。莫妙于空洞其中，止设托板，不立门扇，仿佛书架之形。有其用而不侵吾地，且有磐石之固，莫能摇动。此妙制善算，居家必不可无者。予又有壁内藏灯之法，可以养目，可以省膏，可以一物而备两室之用，取以公世，亦贫士利人之一端也。我辈长夜读书，灯光射目，最耗元神。有用瓦灯贮火，留一隙之光，仅照书本，余皆闭藏于内而不用者。予怪以有用之光置无用之地，犹之暴殄天物。因效匡衡凿壁之义，于墙上穴一小孔，置灯彼屋而光射此房，彼行彼事，我读我书，是一灯也，而备全家之用，又使目力不竭于焚膏。较之瓦灯，其利奚止十倍？以赠贫士，可当分财。使予得拥厚资，其不吝亦如是也。

联匾第四

堂联斋匾，非有成规。不过前人赠人以言，多则书于卷轴，少则挥诸扇头。若止一二字，三四字，以及偶语一联，因其太少也，便面难书，方策不满，不得已而大书于木。彼受之者，因其坚巨难藏，不便内之笥中，欲举以示人，又不便出诸怀袖，亦不得已而悬之中堂，使人共见。此当日作始者偶然为之，非有成格定制，画一而不可移也。讵料一人为之，千人万人效之，自昔徂今，莫知稍变。夫礼乐制自圣人，后世莫敢窜易。而殷因夏礼，周因殷礼，尚有损益于其间，矧器玩竹木之微乎？予亦不必大肆更张，但效前人之损益可耳。锢习繁多，不能尽革。姑取斋头已设者，略陈数则，以例其余。非欲举世则而效之，但望同调者各出新裁，其聪明什伯于我。投砖引玉，正不知导出几许神奇耳。

有诘予者曰："观子联匾之制，佳则佳矣，其如挂一漏万何？由子所为者而类推之，则《博古图》中，如樽罍、琴瑟、几杖、盘盂之属，无一不可肖像而为之，胡仅以寥寥数则为也？"予曰：不然。凡予所为者，不徒取异标新，要皆有所取义。凡人操觚握管，必先择地而后书之，如古人种蕉代纸，刻竹留题，册上挥毫，卷头染翰，剪桐作诏，选石题诗，是之数者，皆书家固有之物，不过取而予之，非有蛇足于其间也。若不计可否而混用之，则将来牛鬼蛇神无一不备，予其作俑之人乎！□图中所载诸名笔，系绘图者勉强肖之，非出其人之手。缩巨为细，自失原神，观者但会其意可也。

蕉叶联

蕉叶题诗，韵事也；状蕉叶为联，其事更韵。但可置于平坦帖服之处，壁间门上皆可用之，以之悬柱则不宜，阔大难掩故也。其法先画蕉叶一张于纸上，授木工以板为之，一样二扇，一正一反，即不雷同；后付漆工，令其满灰密布，以防碎裂。漆成后，始书联句，并画筋纹。蕉色宜绿，筋色宜黑；字则宜填石黄，始觉陆离可爱，他色皆不称也。用石黄乳金更妙，全用金字则大俗矣。此匾悬之粉壁，其色更显，可称"雪里芭蕉"。

此君联

"宁可食无肉，不可居无竹。"竹可须臾离乎？竹之可为器也，自楼阁几榻之大，以至筒奁杯箸之微，无一不经采取，独至为联为匾诸韵事弃而弗录，岂此君之幸乎？用之请自予始。截竹一筒，剖而为二，外去其青，内铲其节；磨之极光，务使如镜。然后书以联句，令名手镌

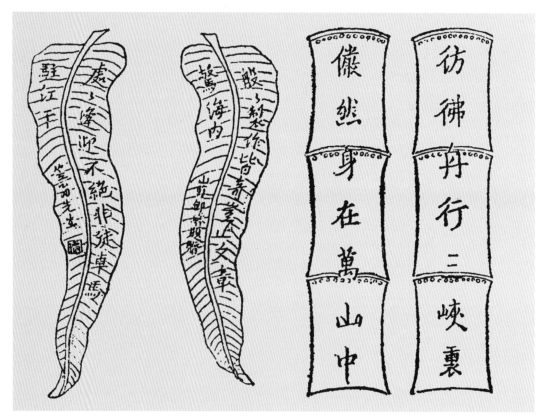

| 蕉叶联 | 此君联 |

之，掺以石青或石绿，即墨字亦可。以云乎雅，则未有雅于此者；以云乎俭，亦未有俭于此者。不宁唯是，从来柱上加联，非板不可，柱圆板方，柱窄板阔，彼此抵牾，势难帖服。何如以圆合圆，纤毫不谬，有天机凑泊之妙乎？此联不用铜钩挂柱，用则多此一物，是为赘瘤；止用铜钉上下二枚，穿眼实钉，勿使动移。其穿眼处，反择有字处穿之，钉钉后仍用掺字之色补于钉上，浑然一色，不见钉形尤妙。钉蕉叶联亦然。

碑文额

三字额，平书者多，间有直书者，匀作两行。匾用方式，亦偶见之。然皆白地黑字，或青绿字。兹效石刻为之，嵌于粉壁之上，谓之匾额可，谓之碑文亦可。名虽石，不果用石。用石费多而色不显，不若以木为之。其色亦不仿墨刻之色，墨刻色暗，而远视不甚分明。地用黑漆，字填白粉，若是则值既廉，又使观者耀目。此额唯墙上开门者宜用之，又须风雨不到之处。客之至者，未启双扉，先立漆书壁经之下，不待搴帷入室，已知为文士之庐矣。

碑文额

手卷额

额身用板，地用白粉，字用石青石绿，或用炭灰代墨，无一不可。与寻常匾式无异，止增圆木二条，缀于额之两旁，若轴心然。左画锦纹，以像装潢之色；右则不宜太工，但像托画之纸色而已。天然图卷，绝无穿凿之痕，制度之善，庸有过于此者乎？眼前景，手头物，千古无人计及，殊可怪也！

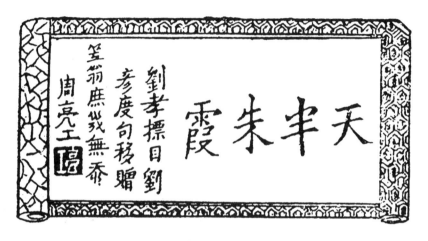

| 手卷额 |

册页匾

用方板四块，尺寸相同，其后以木绾之。断而使续，势取乎曲，然勿太曲。边画锦纹，亦像装潢之色，止用笔画，勿用刀镌，镌者粗略，反不似笔墨精工。且和油入漆，着色为难，不若画色之可深可浅，随取随得也。字则必用剞劂。各有所宜，混施不可。

虚白匾

"虚室生白"，古语也。且无事不妙于虚，实则板矣。用薄板之坚者，贴字于上，镂而空之，若制糖食果馅之木印。务使二面相通，纤毫无障。其无字处，坚以灰布，漆以退光。俟既成后，贴洁白绵纸一层于字后。木则黑而无泽；字则白而有光，既取玲珑，又类墨刻，有匾之名，去其迹矣。但此匾不宜混用，择房舍之内暗外明者置之。若屋后有光，则先穴通其屋，以之向外，不则置于入门之处，使正面向内。从来屋高门矮，必增横板一块于门之上。以此代板，谁曰不佳？

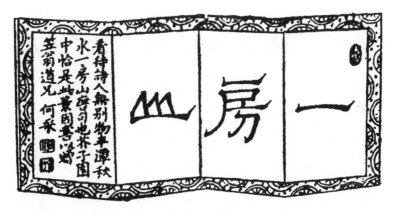

|册页匾|

|虚白匾|

石光匾

即"虚白"一种，同实而异名。用于垒石成山之地，择山石偶断处，以此续之。亦用薄板一块，镂字既成。用漆涂染，与山同色，勿使稍异。其字旁凡有隙地，即以小石补之，粘以生漆，勿使见板。至板之四围，亦用石补，与山石合成一片，无使有襞襀之痕，竟似石上留题，为后人凿穿以存其迹者。字后若无障碍，则使通天；不则亦贴绵纸，取光明而塞障碍。

秋叶匾

御沟题红，千古佳事；取以制匾，亦觉有情。但制红叶与制绿蕉有异：蕉叶可大，红叶宜小；匾取其横，联妙在直。是亦不可不知也。

石光匾

秋叶匾

山石第五

幽斋垒石，原非得已。不能致身岩下，与木石居，故以一卷代山，一勺代水，所谓无聊之极思也。然能变城市为山林，招飞来峰使居平地，自是神仙妙术，假手于人以示奇者也，不得以小技目之。且垒石成山，另是一种学问，别是一番智巧。尽有丘壑填胸，烟云绕笔之韵事，命之画水题山，顷刻千岩万壑，及倩磊斋头片石，其技立穷，似向盲人问道者。故从来叠山名手，俱非能诗善绘之人。见其随举一石，颠倒置之，无不苍古成文，迂回入画，此正造物之巧于示奇也。譬之扶乩召仙，所题之诗与所判之字，随手便成法帖，落笔尽是佳词，询之召仙术士，尚有不明其义者。若出自工书善咏之手，焉知不自人心捏造？妙在不善咏者使咏，不工书者命书，然后知运动机关，全由神力。其叠山垒石，不用文人韵士，而偏令此辈擅长者，其理亦若是也。然造物鬼神之技，亦有工拙雅俗之分，以主人之去取为去取。主人雅而取工，则工且雅者至矣；主人俗而容拙，则拙而俗者来矣。有费累万金钱，而使山不成山，石不成石者，亦是造物鬼神作祟，为之摹神写像，以肖其为人也。一花一石，位置得宜，主人神情已见乎此矣，奚俟察言观貌，而后识别其人哉？

大 山

山之小者易工，大者难好。予遨游一生，遍览名园，从未见有盈亩累丈之山，能无补缀穿凿之痕，遥望与真山无异者。犹之文章一道，结构全体难，敷陈零段易。唐宋八大家之文，全以气魄胜人，不必句栉字篦，一望而知为名作。以其先有成局，而后修饰词华，故粗览细观，同一致也。若夫间架未立，才自笔生，由前幅而生中幅，由中幅而生后幅，是谓从文作文，亦是水到渠成之妙境。然但可近视，不耐远观，远观则襞襀缝纫之痕出矣。书画之理亦然。名流墨迹，悬在中堂，隔寻丈而观之，不知何者为山，何者为水，何处是亭台树木，即字之笔画杳不能辨，而只览全幅规模，便足令人称许。何也？气魄胜人，而全体章法之不谬也。至于累石成山之法，大半皆无成局，犹之以文作文，逐段滋生者耳。名手亦然，矧庸匠乎？然则欲累巨石者，将如何而可？必俟唐宋诸大家复出，以八斗才人，变为五丁力士，而后可使运斤乎？抑分一座大山为数十座小山，穷年俯视，以藏其拙乎？曰：不难。用以土代石之法，既减人工，又省物力，且有天然委曲之妙。混假山于真山之中，使人不能辨者，其法莫妙于此。累高广之山，全用碎石，则如百衲僧衣，求一无缝处而不得，此其所以不耐观也。以土间之，则可泯然无迹，且便于种树；树根盘固，与石比坚，且树大叶繁，浑然一色，不辨其为谁石谁土。立于真山左右，有能辨为积累而成者乎？此法不论石多石少，亦不必定求土石相半，土多则是土山带石，石多则是石山带土。土石二物原不相离，石山离土，则草木不生，是童山矣。

小　山

小山亦不可无土，但以石作为主，而土附之。土之不可胜石者，以石可壁立，而土则易崩，必仗石为藩篱故也。外石内土，此从来不易之法。

言山石之美者，俱在透、漏、瘦三字。此通于彼，彼通于此。若有道路可行，所谓透也；石上有眼，四面玲珑，所谓漏也；壁立当空，孤峙无倚，所谓瘦也。然透、瘦二字在宜然，漏则不应太甚。若处处有眼，则似窑内烧成之瓦器，有尺寸限在其中，一隙不容偶闭者矣。塞极而通，偶然一见，始与石性相符。

瘦小之山，全要顶宽麓窄。根脚一大，虽有美状不足观矣。

石眼忌圆，即有生成之圆者，亦粘碎石于旁，使有棱角，以避混全之体。

石纹石色，取其相同。如粗纹与粗纹，当并一处；细纹与细纹，宜在一方。紫碧青红，各以类聚是也。然分别太甚，至其相悬，接壤处反觉异同，不若随取随得，变化从心之为便。至于石性，则不可不依；拂其性而用之，非止不耐观，且难持久。石性维何？斜正纵横之理路是也。

石　壁

假山之好，人有同心；独不知为峭壁，是可谓叶公之好龙矣。山之为地，非宽不可；壁则挺然直上，有如劲竹孤桐，斋头但有隙地，皆可为之。且山形曲折，取势为难，手笔稍庸，便贻大方之诮。壁则无他奇巧，其势有若累墙，但稍稍迂回出入之，其体嶙峋，仰观如削，便与穷崖绝壑无异。且山之与壁，其势相因，又可并行而不悖者。凡累石之家，正面为山，背面皆可作壁。匪特前斜后直，物理皆然，如椅榻舟车之类；即山之本性亦复如是，逶迤其前者，未有不崭绝其后，故峭壁之设，诚不可已。但壁后忌作平原，令人一览而尽。须有一物焉蔽之，使坐客仰观不能穷其颠末，斯有万丈悬岩之势，而绝壁之名为不虚矣。蔽之者维何？曰：非亭即屋。或面壁而居；或负墙而立，但使目与檐齐，不见石丈人之脱巾露顶，则尽致矣。

石壁不定在山后，或左或右，无一不可，但取其地势相宜。或原有亭屋，而以此壁代照墙，亦甚便也。

石 洞

假山无论大小，其中皆可作洞。洞亦不必求宽，宽则借以坐人。如其太小，不能容膝，则以他屋联之。屋中亦置小石数块，与此洞若断若连，是使屋与洞混而为一，虽居屋中，与坐洞中无异矣。洞中宜空少许，贮水其中而故作漏隙，使涓滴之声从上而下，旦夕皆然。置身其中者，有不六月寒生，而谓真居幽谷者，吾不信也。

零星小石

贫士之家，有好石之心而无其力者，不必定作假山。一卷特立，安置有情，时时坐卧其旁，即可慰泉石膏肓之癖。若谓如拳之石亦须钱买，则此物亦能效用于人，岂徒为观瞻而设？使其平而可坐，则与椅榻同功；使其斜而可倚，则与栏杆并力；使其肩背稍平，可置香炉茗具，则又可代几案。花前月下，有此待人，又不妨于露处，则省他物运动之劳，使得久而不坏。名虽石也，而实则器矣。且捣衣之砧，同一石也，需之不惜其费；石虽无用，独不可作捣衣之砧乎？王子猷劝人种竹，予复劝人立石；有此君不可无此丈。同一不急之务，而好为是谆谆者，以人之一生，他病可有，俗不可有。得此二物，便可当医，与施药饵济人，同一婆心之自发也。

后 记

这套丛书，历时八年，终于成稿。回首这八年的历程，多少感慨，尽在不言中。回想本书编撰的初衷，我觉得有以下几点意见需作一些说明。

首先，艺术需要文化的涵养与培育，或者说，没有文化之根，难立艺术之业。凡一件艺术品，是需要独特的乃至深厚的文化内涵的。故宫如此，金字塔如此，科隆大教堂如此，现代的摩天大楼更是如此。当然也需要技艺与专业素养，但充其量技艺与专业素养只能决定这个作品的风格与类型，唯其文化含量才能决定其品位与能级。

毕竟没有艺术的文化是不成熟的、不完整的文化，而没有文化的艺术，也是没有底蕴与震撼力的艺术，如果它还可以称之为艺术的话。

其次，艺术的发展需要开放的胸襟。开放则活，封闭则死。开放的心态绝非自卑自贱，但也不能妄自尊大、坐井观天：妄自尊大，等于愚昧，其后果只是自欺欺人；坐井观天，能看到几尺天，纵然你坐的可能是天下独一无二的老井，那也不过是口井罢了。所以，做绘画的，不但要知道张大千，还要知道毕加索；做建筑的，不但要知道赵州桥，还要知道埃菲尔铁塔；做戏剧的，不但要知道梅兰芳，还要知道布莱希特。我在某个地方说过，现在的中国学人，准备自己的学问，一要有中国味，追求原创性；二要补理性思维的课；三要懂得后现代。这三条做得好时，始可以称之为21世纪的中国学人。

其三，更重要的是创造。伟大的文化正如伟大的艺术，没有创造，将一事无成。中国传统文化固然伟大，但那光荣是属于先人的。

21世纪的中国正处在巨大的历史转变时期。21世纪的中国正面临着史无前例的历史性转变，在这个大趋势下，举凡民族精神、民族传统、民族风格，乃至国民性、国民素质，艺术品性与发展方向都将发生巨大的历史性嬗变。一句话，不但中国艺术将重塑，而且中国传统都将凤凰涅槃。

　　站在这样的历史关头，我希望，这一套凝聚着撰写者、策划者、编辑者与出版者无数心血的丛书，能够成为关心中国文化与艺术的中外朋友们的一份礼物。我们奉献这礼物的初衷，不仅在于回首既往，尤其在于企盼未来。

　　希望有更多的尝试者、欣赏者、评论者与创造者也能成为未来中国艺术的史中人。

史仲文